FORSCHUNGSBERICHTE DES LANDES NORDRHEIN-WESTFALEN

Nr. 1320

Herausgegeben

im Auftrage des Ministerpräsidenten Dr. Franz Meyers

von Staatssekretär Professor Dr. h. c. Dr. E. h. Leo Brandt

DK 677.054.4:677.064:677.21 + 677.11:539.37

Dipl.-Ing. Waldemar Rohs
Text.-Ing. Hugo Griese

Technisch-Wissenschaftliches Büro für die Bastfaserindustrie, Bielefeld

Einfluß der Webstuhleinstellung auf den Ausfall, insbesondere die Krumpfung von Halbleinen- und Baumwollgeweben

Springer Fachmedien Wiesbaden GmbH

ISBN 978-3-663-06261-5 ISBN 978-3-663-07174-7 (eBook)
DOI 10.1007/978-3-663-07174-7

Verlags-Nr. 011320

Inhalt

1. Einleitung und Aufgabenstellung

In früheren Untersuchungsberichten[1] wurden die Auswirkungen unterschiedlicher Webfaktoren auf den Gewebeausfall niedergelegt. Nicht erfaßt blieb bislang die Beeinflussung der Gewebe durch unterschiedliche Webstuhleinstellungen. Hierzu dienten die in diesem Forschungsbericht beschriebenen Untersuchungen. Ihre Aufgabe war, an halbleinenen und baumwollenen Geweben die von der Webstuhleinstellung – Fachumtritt, Fachhöhe, Streichbaumlage, Streichbaumbewegung – ausgehende Beeinflussung des Gewebebildes, der Gewebebreite, -dichte, -einarbeitung und -krumpfung zu erfassen und zu erläutern.

[1] Forschungsberichte des Landes Nordrhein-Westfalen Nr. 749, »Einfluß verschiedener Webfaktoren auf die Krumpfung von Halbleinen- und Baumwollgeweben«, und Nr. 869, »Zusammenwirken von Kett- und Schußfadenspannungen und ihr Einfluß auf den Gewebeausfall«.

2. Versuchsgestaltung

2.1 Versuchswebstuhl und Versuchsgewebe

Der Herstellung sämtlicher Probegewebe (Kopfkissenwaren in Leinwandbindung) diente ein mittelschwerer Leinenwebstuhl, Fabr. Hartmann, mit Innentritteinrichtung und Festblatt, der mit einer Drehzahl von 138/min betrieben wurde.

Die Versuchsgewebe wurden mit einheitlicher Webkette unter Einsatz von rohem Baumwollgarn Nm 28 (36 tex) angefertigt. Die Gesamtfadenzahl der Kette betrug 2240, die Einstellbreite im Webblatt 93 cm.
Für das Halbleinengewebe diente als Schuß ½-gebleichtes Flachsgarn Nm 21 (48 tex), für das Baumwollgewebe rohes Baumwollgarn Nm 20 (50 tex). Die Schußdichte wurde bei normaler Webstuhleinstellung[2] mit 21 Schuß/cm festgelegt, einer nur mittleren Dichte, um alle Versuchsbedingungen mit Sicherheit einhalten zu können. Folgende Webstuhleinstellungen bildeten das Versuchsprogramm:

1. Drei Fachschlußzeiten
2. Drei Fachhöhen
3. Drei Streichbaumhöhen
4. Drei Entfernungen zwischen Webschäften und Streichbaum
5. Feststehender und beweglicher Streichbaum

mit nachstehenden Größenordnungen:

1.	a) Fachwechsel mittel:	Geschlossenfach bei Kurbelhochstand		
	b) Fachwechsel früh:	Geschlossenfach 30° vor Kurbelhochstand		
	c) Fachwechsel spät:	Geschlossenfach 30° nach Kurbelhochstand		
2.	a) Fachhöhe	mittel:	100 mm	Schafthub
	b) Fachhöhe	geringer:	90 mm	Schafthub
	c) Fachhöhe	größer:	110 mm	Schafthub
3.	a) Streichbaumhöhe	mittel:	945 mm	
	b) Streichbaumhöhe	geringer:	895 mm	
	c) Streichbaumhöhe	größer:	995 mm	
4.	a) Streichbaumentfernung	mittel:	760 mm	
	b) Streichbaumentfernung	geringer:	660 mm	
	c) Streichbaumentfernung	größer:	860 mm	
5.	a) Streichbaumbewegung der Schaftbewegung angepaßt			
	b) Streichbaum feststehend			

[2] Schaftgleichstand bei hochstehender Kurbelwellenkröpfung, mittelhohes Webfach, Brustbaumhöhe gleich Streichbaumhöhe, mittlere Hinterfachlänge, Streichbaum beweglich.

Die Kettbaumbremsung wurde bei Grundeinstellung gemäß Fußnote auf S. 8 auf ein für die herzustellenden Waren geeignetes Maß einreguliert und blieb während der gesamten Versuchsdauer unverändert. Für beide Schußgarne wurden gleiche Spulen und gleiche Webschützen verwendet.
Die mechanische Kettfadenwächtereinrichtung mußte ausgebaut werden, da sie anderenfalls bei Verstellung der Streichbaumlage die Kettfäden in ihrer Bewegung gehindert hätte.
Der Streichbaumexzenter wurde bei Änderung des Fachumtrittzeitpunktes und der Streichbaumlage in seiner Einstellung jeweils der Schaftbewegung angepaßt. Auf gleichbleibende Entfernung zwischen Geschirr und Teilstäben wurde geachtet.
Die Webversuche wurden bei relativen Luftfeuchtigkeiten von 65 bis 70% und bei Temperaturen von 18 bis 20° C durchgeführt.

2.2 Untersuchungen und Beobachtungen

Sämtliche Untersuchungen und Beobachtungen erfolgten an der stuhlrohen Ware unter Beachtung der einschlägigen DIN-Bestimmungen.

2.21 Gewebebeurteilung

Da eine Beeinflussung des Warenbildes durch die angeführten Webstuhleinstellungen möglich ist, wurden die Versuchsgewebe einer Beurteilung unterzogen, die sich auf den Grad der Geschlossenheit, eventuelle Rietstreifigkeit, auf Schußplatzer und Schlaufenbildung erstreckte.

2.22 Gewebebreite

Der Untersuchung des Einflusses der Webstuhleinstellungen auf die Gewebebreite dienten je Gewebeprobe zehn Breitenmessungen in gleichmäßig verteilten Abständen. Als Standardbreiten wurden die bei normaler Webstuhleinstellung festgestellten Gewebebreiten angesehen.

2.23 Gewebedichte

In Kette und Schuß wurden die Probegewebe auf ihre Dichte untersucht, indem je Geweberichtung zehn über die Proben gleichmäßig verteilte Fadenzählungen vorgenommen wurden. Bei der Auswertung wurden die Fadendichten der Normalgewebe, d. h. der bei Normaleinstellung des Stuhles erhaltenen Gewebe, als Bezugsgrößen benutzt.

2.24 *Einarbeitung*

Das erforderliche Fadenmaterial zur Bestimmung der Kett- und Schußeinarbeitung wurde an mehreren Gewebestellen entnommen. Je Geweberichtung und Gewebemuster erfolgten zehn Messungen. Bezugsgrößen waren die für die Normalgewebe gefundenen Einarbeitungen.

2.25 *Gewebekrumpfung*

Aus jedem Versuchsgewebe wurden zwei Proben für die Ermittlung der Krumpfung zugeschnitten, durch Zickzacknähte gegen Ausfransen geschützt und mit Meßmarken in Kett- und Schußrichtung versehen. Die derart vorbereiteten Gewebeabschnitte wurden in einer Trommelwaschmaschine fünfmal nach DIN 53892 gewaschen, zentrifugiert und unter einer Bügelpresse getrocknet. An Hand der prozentualen Änderungen der Meßstrecken in Länge und Breite der Gewebe wurden die Kett- und Schußkrumpfungen sowie die sich daraus ergebenden Flächenkrumpfungen errechnet. Die Ergebnisse der Krumpfprüfung wurden bei der Auswertung auf die bei den Normalgeweben gefundenen Daten bezogen.

2.26 *Besonderheiten beim Weben*

Schließlich wurden die Auswirkungen der beschriebenen Webstuhleinstellungen auf den Webprozeß, soweit dieses im Rahmen der Herstellung kurzer Gewebeabschnitte möglich ist, kritisch erfaßt.

3. Versuchsergebnisse

3.1 Gewebeausfall

3.11 Fachwechsel

Im Gewebeausfall sind zwischen Geweben, die mit frühem Fachschluß, Fachschluß bei Kurbelwellenhochstand und spätem Fachschluß gewebt wurden, markante Unterschiede vorhanden. In der genannten Reihenfolge ist eine deutliche Abstufung von einem sehr gut gedeckten Warenbild bis zum stark rietstreifigen Gewebe erkennbar, die bei der gewählten mitteldichten Wareneinstellung besonders im Durchlicht in Erscheinung tritt.
Erfolgt der Fachwechsel früh, so wird der Schußfaden durch das Webblatt zum Geweberand angeschlagen, nachdem er bereits vor Kurbelhochstand mit den Kettfäden verkreuzt worden ist. Zwischen den im Riet nebeneinanderliegenden Kettfäden (zweifädiger Einzug) tritt eine Verzerrung ein, so daß eine paarweise Ordnung im Gewebe gestört wird. Bei spätem Fachschluß werden die Kettfäden erst kurz vor Blattanschlag verkreuzt. Eine Walkwirkung der Fäden wie beim frühen Fachschluß kommt nicht zustande, und die Kettfäden erscheinen im Gewebe paarweise nebeneinander.
Vereinzelt machten sich beim frühen Fachschluß sowohl bei der Halbleinen- als auch bei der Baumwollware sogenannte Schußplatzer bemerkbar, obwohl beide Schußgarne qualitativ einwandfrei waren.

3.12 Fachhöhe

Ein Einfluß des Gewebeausfalles durch die Fachhöhe tritt nur in geringem Maße hervor. Gegenüber den bei mittlerer Fachhöhe hergestellten Geweben erscheinen die bei kleinerem Fach hergestellten geschlossener.

3.13 Streichbaumhöhe

In der Praxis des Webens dichter leinwandbindiger Gewebe wird das sogenannte »Im-Sack-Arbeiten« angewandt. Mit dieser volkstümlichen Redewendung wird eine gewollte Unsymmetrie des Faches bezeichnet. Dabei verlaufen bei Geschlossenfach die Kettfäden unterhalb einer durch Streichbaum und Brustbaum gekennzeichneten und bei gleicher Höhe der genannten Webstuhlteile waagerecht liegen-

den Linie. Die Unsymmetrie des Faches ruft unterschiedliche Spannungen in den nebeneinanderliegenden Kettfäden des Ober- und Unterfaches hervor und läßt durch das entstehende gegenläufige Hin- und Herzerren der benachbarten Fäden die sogenannte Walke eintreten. Diese bewirkt, daß eine Streifigkeit der Ware durch die paarweise Trennung der Fäden durch die Rietstäbe nicht in Erscheinung tritt. Das Warenbild wird gleichmäßiger und geschlossener.
Die Unsymmetrie des Faches und ihre Auswirkung werden durch ein Höhersetzen des Streichbaums verstärkt, durch ein Tiefersetzen geschwächt. Durch eine unterschiedliche Höhenlage des Streichbaumes kann also das Gewebebild entscheidend beeinflußt werden. Ein hochgestellter Streichbaum hat ein geschlosseneres Warenbild zur Folge, ein tiefgelegter Streichbaum demgegenüber ein lose erscheinendes Gewebe.

3.14 Entfernung zwischen Streichbaum und Webschäften

Die Einstellung des Abstandes Webschäfte–Streichbaum vermag das Warenbild nur schwach zu beeinflussen. Die bei geringer Streichbaumtiefe gewebte Ware erscheint etwas günstiger, was darauf zurückzuführen ist, daß ein kurz eingespannter Faden sich beim Blattanschlag weniger elastisch verhält und dadurch einer Paarigkeit stärker entgegenwirkt.

3.15 Streichbaumbewegung

Ein Vergleich der mit feststehendem und beweglichem Streichbaum gewebten Proben ließ ein geringfügig besseres Gewebebild bei feststehendem Streichbaum erkennen. Auch hier ist die Ursache für den günstigeren Warenausfall eine sich stärker auswirkende Verzerrung der nebeneinanderliegenden Kettfäden.

Bei zusammenfassender Betrachtung aller beschriebenen Einflußfaktoren haben der Zeitpunkt des Fachwechsels und die Höhe des Streichbaumes am deutlichsten das Gewebebild beeinflussen können. Bei lose eingestellten leinwandbindigen Waren, bei denen bekanntlich ein gutes Gewebebild schwerer zu erreichen ist als bei dichter eingestellten Geweben, wird es erforderlich sein, gegebenenfalls beide Webstuhleinstellmöglichkeiten auszunutzen, um ein geschlossenes Gewebe, frei von Rietstreifigkeit, zu erhalten.
Die getroffenen Feststellungen gelten in gleichem Maße sowohl für die Halbleinen- als auch für die Baumwollgewebeproben.

3.2 Gewebebreite

In Tab. 1 sind die mittleren Breiten, die bei den einzelnen Gewebeproben festgestellt worden sind, eingetragen.

Tab. 1 Gewebebreiten

Webstuhleinstellung		Breite in cm: Halbleinengewebe		Breite in cm: Baumwollgewebe	
Fachwechsel	früh	89,4	↓	87,2	↓
	o.T.K.*	89,5		87,6	
	spät	90,1	+ 0,7	88,4	+ 1,2
Fachhöhe	klein	89,4	↓	87,2	↓
	normal	89,5		87,6	
	groß	89,6	+ 0,2	87,6	+ 0,4
Streichbaumhöhe	gering	90,4	+ 1,1	88,4	+ 1,2
	mittel	89,5	↑	87,6	↑
	groß	89,3		87,2	
Streichbaumtiefe**	gering	89,2	↓	87,3	↓
	mittel	89,5		87,6	
	groß	89,5	+ 0,3	87,6	+ 0,3
Streichbaum	fest	89,5		87,5	↓
	beweglich	89,5		87,6	+ 0,1

* o.T.K.: obere Totpunktlage der Kurbeln.
** Entfernung zwischen Streichbaum und Webschäften.

Die sich in Abhängigkeit von der Webstuhleinstellung ergebenden Breitendifferenzen sind nicht groß, doch ist ersichtlich, daß die bestehenden Zusammenhänge oder die diesbezüglich in Erscheinung tretenden Tendenzen bei beiden Geweben (Halbleinen und Baumwolle) einheitlich sind. Alle vorhandenen Meßergebnisse konnten deshalb zu ihrer statistischen Auswertung in zweckmäßiger Weise gemeinsam herangezogen werden.

3.21 Fachwechsel

Der Zeitpunkt des Fachumtrittes hat einen feststellbaren Einfluß auf den Gewebeausfall hinsichtlich Breite, Dichte und Einarbeitung, die wiederum eng miteinander zusammenhängen. Der frühe Fachumtritt bewirkt eine Fixierung des Schußfadens durch die Kettfäden, zu einem Zeitpunkt, der noch eine Breitenkontraktion der Kette vor den Breithaltern erlaubt. Die Folge ist eine stärkere

Einarbeitung des Schusses bei abnehmender Gewebebreite. Bei der Einbindung des Schußfadens unmittelbar vor Ladenanschlag (später Fachumtritt) tritt eine Verringerung der Schußeinarbeitung zugunsten derjenigen der Kette, verbunden mit einer Zunahme der Breite des Gewebes ein.
Die festgestellten Differenzen von 0,7 cm beim Halbleinengewebe und 1,2 cm beim Baumwollgewebe sind statistisch hoch gesichert.

3.22 Fachhöhe

Die Fixierung des Schußfadens in einem engeren Fach verringert die Ketteinwebung und erhöht die Schußkontraktion auf Kosten der Gewebebreite. Die festgestellten Unterschiede sind nur gering (0,2 bzw. 0,4 cm), sind aber statistisch gesichert.

3.23 Streichbaumhöhe

Die Wirkung einer Veränderung der Streichbaumhöhe und der dadurch beeinflußten Unsymmetrie des Faches ist in Abschnitt 3.13 bereits beschrieben worden. Die dort erläuterte Walke, die am stärksten bei hoch gesetztem Streichbaum auftritt, hat eine stärkere Einwebung des Schusses und eine Verringerung der Gewebebreite zur Folge. Die gemessenen Zunahmen von 1,1 bzw. 1,2 cm beim Übergang vom hohen zum tiefen Streichbaum sind statistisch hoch gesichert.

3.24 Entfernung zwischen Streichbaum und Webschäften

Ein in größerer Entfernung vom Blattanschlag befindlicher Streichbaum erhöht die Elastizität des Kettfadensystems und mildert die Intensität des Kräftespiels in den Fäden, wodurch die Einarbeitung des Schusses verringert, und damit die Gewebebreite vergrößert wird.
Die im Mittel festgestellten Breitenunterschiede beim Weben mit großer und geringer Streichbaumtiefe sind allerdings nur klein und betrugen bei beiden Warenarten 0,3 cm. Sie sind aber statistisch hoch gesichert.

3.25 Streichbaumbewegung

Soweit sich Breitenunterschiede beim Arbeiten mit feststehendem und bewegtem Streichbaum in geringem Ausmaße zeigten, waren sie statistisch nicht gesichert.

Bis auf die Streichbaumbewegung, von der eine Beeinflussung der Gewebebreite nicht nachweisbar war, erwiesen sich die übrigen untersuchten Webstuhleinstellungen als Faktoren der Gewebebreite, von denen statistisch nachweisbare Einflüsse ausgehen. Während der Zeitpunkt des Fachwechsels und die Streichbaumhöhe sich merklich auswirkten, war die Auswirkung der Fachhöhe und die der Entfernung zwischen Streichbaum und Webschäften gering.

3.3 Gewebedichte

Die Ergebnisse der vorgenommenen Dichtebestimmungen in Kette und Schuß sind in Tab. 2 wiedergegeben. Um Unterschiede deutlicher in Erscheinung treten zu lassen, wurden alle Angaben auf 10 cm bezogen.
Wiederum kann festgestellt werden, daß sich die von den Webstuhleinstellungen ausgehenden Beeinflussungen im Halbleinen- und Baumwollgewebe konform auswirken.

3.31 Fachwechsel

Die mittleren Fadenzahlen lassen eine Zunahme der Gewebedichten bei Umstellung des Fachwechsels von spät auf früh erkennen. Infolge der bei frühem Fachschluß bereits vor Blattanschlag stattfindenden Verkreuzung der Schußfäden durch die Kettfäden wird der Schuß in der Ware sicherer festgehalten als bei spätem Fachschluß. Die beim frühen Fachumtritt sich ergebende geringere Breite des Gewebes (s. 3.21) bewirkt auch in der Kette eine höhere Dichte. Die sich ergebenden Zunahmen der Fadenzahlen von 1 bzw. 4 Fäden in der Kette und 5 bzw. 2 Fäden im Schuß sind statistisch gesichert.

3.32 Fachhöhe

Die Vergleichswerte deuten auf eine Steigerung der Fadendichten in beiden Geweberichtungen mit Verkleinerung des Webfaches hin.
Die unter 3.22 erläuterte Verringerung der Gewebebreite bei engem Fach erklärt die Zunahme der Kettdichte, während für die größere Schußdichte gelten kann, daß die Kettfäden den durch das Webriet angedrückten Schuß bei kleiner Fachhöhe sicherer festhalten. Bei größerer Fachhöhe können sich die Schußfäden eher wieder vom Warenrand lösen. Die Auswirkungen sind aber gering und mit zwei bzw. einem Faden in der Kette und ein bzw. zwei Fäden im Schuß statistisch nur fallweise gesichert.

Tab. 2 Gewebedichten

Webstuhleinstellung		Fadenzahl / 10 cm							
		Halbleinengewebe				Baumwollgewebe			
		Kette		Schuß		Kette		Schuß	
Fachwechsel	früh	251	+ 1	220	+ 5	258	+ 4	218	+ 2
	o.T.K.*	250	↑	216	↑	258	↑	216	↑
	spät	250		215		254		216	
Fachhöhe	klein	252	+ 2	216	+ 1	258	+ 1	216	+ 2
	normal	250	↑	216	↑	258	↑	216	↑
	groß	250		215		257		214	
Streichbaumhöhe	gering	248		214		252		212	
	mittel	250	↓	216	↓	258	↓	216	↓
	groß	251	+ 3	216	+ 2	258	+ 6	216	+ 4
Streichbaumtiefe**	gering	252	+ 2	216		258	+ 2	216	+ 1
	mittel	250	↑	216		258	↑	216	↑
	groß	250		216		256		215	
Streichbaum	fest	251	+ 1	216		258		216	
	beweglich	250	↑	216		258		216	

* o.T.K.: obere Totpunktlage der Kurbeln.
** Entfernung zwischen Streichbaum und Webschäften.

3.33 Streichbaumhöhe

Der Einfluß der Höhenstellung des Streichbaumes auf die Kett- und Schußfadendichten wirkt sich derart aus, daß mit größerer Streichbaumhöhe die Dichten sowohl in Kette als auch in Schuß zunehmen. Die unter 3.23 erläuterte Verringerung der Gewebebreite bei hochgesetztem Streichbaum bedingt eine Zunahme der Kettdichte. Die größere Dichte in Schußrichtung erklärt sich durch die Walkwirkung des bei höherem Streichbaum verstärkt unsymmetrischen Faches (s. 3.23).
Die sich aus den Zahlen der Tab. 2 ergebenden Unterschiede der Dichte beim Arbeiten mit hohem und tiefem Streichbaum von drei bzw. sechs Fäden bei der Kette und zwei bzw. vier Fäden beim Schuß sind sämtlich hoch gesichert.

3.34 Entfernung zwischen Streichbaum und Webschäften

Der Einfluß der Entfernung zwischen Streichbaum und Webschäften auf die Gewebedichte ist wiederum gering, wenn überhaupt vorhanden. Die Erklärung der immerhin hoch gesicherten Zunahme der Dichte um zwei Fäden in der Kette bei geringem Abstand ergibt sich aus der Verringerung der Gewebebreite gemäß 3.24. Im Schuß war beim Halbleinen zahlenmäßig kein Einfluß erkennbar, beim Baumwollgewebe betrug der Unterschied nur einen Faden und war statistisch nicht gesichert.

3.35 Streichbaumbewegung

Eine klare Abhängigkeit der Gewebedichten von der Streichbaumanordnung, ob feststehend oder beweglich, ist nicht vorhanden. Soweit in einem Falle sich ein zahlenmäßiger Unterschied ergab (Halbleinen; Kette), war er statistisch nicht gesichert.

Auch auf die Dichte üben somit Zeitpunkt des Fachwechsels und Höhe des Streichbaums statistisch gesicherten Einfluß aus, während sich Fachhöhe und Entfernung zwischen Streichbaum und Webschäften als wenig wirksam und nur fallweise gesichert erweisen. Ein Einfluß der Streichbaumbewegung war nicht nachweisbar.

3.4 Einarbeitung

Die festgestellten prozentualen Kett- und Schußeinarbeitungen der Versuchsgewebe enthält Tab. 3. Sie sind, wie nicht anders zu erwarten, in Kett- und Schußrichtung gegenläufig. Absolut gesehen, ist die Einwebung der Kettfäden höher als die der Schußfäden, was beim Halbleinen stärker in Erscheinung tritt als beim Baumwollgewebe. Die Abhängigkeiten der prozentualen Einarbeitungen von den betrachteten Einstellungen sind bei dem Halbleinen- und dem Baumwollgewebe wiederum von gleicher Tendenz.

3.41 Fachwechsel

Die aus der Tabelle ersichtliche höhere Einwebung des Schußfadens bei frühem Fachschluß ergibt sich bereits aus der Erläuterung in 3.21. Dementsprechend nimmt die Ketteinwebung beim späten Fachwechsel zu. Die Veränderung der prozentualen Einarbeitung um 2,6 bzw. 3,0 Prozentpunkte in der Kette und 0,8 bzw. 1,7 Prozentpunkte im Schuß beim Übergang vom frühen zum späten, bzw. vom späten zum frühen Fachumtritt sind nicht zu übersehen und statistisch hoch gesichert.

Tab. 3 Einarbeitung

Webstuhleinstellung		Einarbeitung in % Halbleinengewebe Kette	Halbleinengewebe Schuß	Baumwollgewebe Kette	Baumwollgewebe Schuß
Fachwechsel	früh	13,7	3,7 + 0,8	14,2	8,4 + 1,7
	o.T.K.*	13,8	3,1	14,2	6,9
	spät	16,3 + 2,6	2,9	17,2 + 3,0	6,7
Fachhöhe	klein	13,8	3,5 + 0,4	14,2	7,6 + 0,9
	normal	13,8	3,1	14,2	6,9
	groß	14,4 + 0,6	3,1	14,5 + 0,3	6,7
Streichbaumhöhe	gering	16,5 + 3,3	2,3	16,9 + 3,1	6,4
	mittel	13,8	3,1	14,2	6,9
	groß	13,2	3,5 + 1,2	13,8	8,4 + 2,0
Streichbaumtiefe**	gering	13,7	3,7 + 0,6	14,2	7,9 + 1,2
	mittel	13,8	3,1	14,2	6,9
	groß	14,5 + 0,8	3,1	14,2	6,7
Streichbaum	fest	13,8	3,3 + 0,2	13,3	8,1 + 1,2
	beweglich	13,8	3,1	14,2 + 0,9	6,9

* o.T.K.: obere Totpunktlage der Kurbeln.
** Entfernung zwischen Streichbaum und Webschäften.

3.42 Fachhöhe

In Abhängigkeit von den Abmessungen des Faches ergibt sich, wie bereits unter 3.22 erläutert, eine stärkere Schußeinwebung bei kleinem Fach. Dementsprechend nimmt die Ketteinarbeitung mit größer werdendem Fach zu. Die in Tab. 3 enthaltenen Zunahmen von 0,6 bzw. 0,3 Prozentpunkten für die Kette und 0,4 bzw. 0,9 Prozentpunkten für den Schuß bei Vergleich der extremen Fachhöhen sind nicht sehr bedeutend, jedoch statistisch hoch gesichert.

3.43 Streichbaumhöhe

Die Beeinflussung der Einarbeitung durch die Streichbaumhöhe tritt stärker hervor. Die Einarbeitung der Kettfäden nimmt mit größer werdender Höhe des Streichbaums ab, die der Schußfäden zu. Die Ursache hierfür ist die starke Unsymmetrie des Faches bei hochgesetztem Streichbaum und die sich dadurch ergebende in Abschnitt 3.13 beschriebene Walke der Kettfäden. Die der Tab. 3

hierzu zu entnehmenden Zahlen betragen 3,3 bzw. 3,1 Prozentpunkte in Kett- und 1,2 bzw. 2,0 Prozentpunkte in Schußrichtung. Diese Unterschiede sind in allen Fällen mit hoher statistischer Sicherheit echt.

3.44 Entfernung zwischen Streichbaum und Webschäften

Der Einfluß der Entfernung des Streichbaums ist geringer. Mit zunehmender Webstuhltiefe zeigt die Ketteinwebung eine zunehmende, die Schußeinwebung eine abnehmende Tendenz. Auch hierüber wurde bereits in Abschnitt 3.24 gesprochen. Nur die Baumwollkette zeigt keine Reaktion. Die sonst gefundenen Abweichungen von 0,8 Prozentpunkten in der Leinenkette und 0,6 bzw. 1,2 Prozentpunkten in Schußrichtung der beiden Gewebe sind statistisch gesichert.

3.45 Streichbaumbewegung

Erstmalig zeigt sich bei der Einwebung bis auf die Halbleinenkette beim Übergang vom feststehenden zum beweglichen Streichbaum eine Beeinflussung, die über eine bloße Tendenz hinausgeht, da die gefundenen Unterschiede als statistisch echt befunden werden konnten. Sie besagen, daß ein feststehender Streichbaum zu geringeren Kett- und höheren Schußeinwebungen führt. Die Erklärung ergibt sich daraus, daß sich bei feststehendem Streichbaum die Kettspannung stärker auswirkt. Beim Halbleinengewebe wurde im Schuß ein Unterschied von 0,2 Prozentpunkten, bei dem Baumwollgewebe von 0,9 Prozentpunkten in der Kette und 1,2 Prozentpunkten im Schuß gefunden.

Zusammenfassend ist eine gesicherte Beeinflussung der Einarbeitung durch alle in die Betrachtung eingezogenen Webstuhleinstellungen zu verzeichnen. Wie auch bei den anderen Merkmalen stehen hierbei der Zeitpunkt des Fachumtrittes und die Höhe des Streichbaumes an erster Stelle.

3.5 Gewebekrumpfung

Die ermittelten prozentualen Krumpfwerte der Versuchsgewebe sind in Tab. 4 zusammengefaßt. Außer den linearen Krumpfungen in Kett- und Schußrichtung enthält die Tabelle Angaben über die Größe der Flächenkrumpfung. Bis auf vereinzelte Ausnahmen wird die Krumpfung in Kettrichtung durch die Einstellung des Webstuhles stärker beeinflußt als die in Richtung des Schusses. Die Tendenz der Beeinflussung ist auch bei diesem Merkmal für das Halbleinen- und das Baumwollgewebe gleich.
Im allgemeinen – nur die statistisch ohnehin nicht gesicherte Einwirkung der Streichbaumbewegung macht hier wiederum eine Ausnahme – verändert sich die

Tab. 4 Gewebekrumpfung

Webstuhleinstellung		Krumpfung in %											
		Halbleinengewebe						Baumwollgewebe					
		Kette		Schuß		Fläche		Kette		Schuß		Fläche	
Fachwechsel	früh	10,6	+ 1,9	9,9		19,5	+ 1,1	11,5	+ 2,2	8,3		18,8	+ 1,2
	o.T.K.*	10,5		9,9		19,4		10,8		8,3		18,2	
	spät	8,7		10,6	+ 0,7	18,4		9,3		9,2	+ 0,9	17,6	
Fachhöhe	klein	10,6	+ 0,4	9,9		19,5	+ 0,1	11,3	+ 0,6	8,3		18,7	+ 0,1
	normal	10,5		9,9		19,4		10,8		8,3		18,2	
	groß	10,2		10,2	+ 0,3	19,4		10,7		8,8	+ 0,5	18,6	
Streichbaumhöhe	gering	8,5		10,0	+ 0,4	17,7		9,1		9,0	+ 0,8	17,3	
	mittel	10,5		9,9		19,4		10,8		8,3		18,2	
	groß	11,0	+ 2,5	9,6		19,5	+ 1,8	12,1	+ 3,0	8,2		19,3	+ 2,0
Streichbaumtiefe**	gering	10,5	+ 0,4	9,9		19,4		11,4	+ 0,7	8,3		18,8	+ 0,6
	mittel	10,5		9,9		19,4		10,8		8,3		18,2	
	groß	10,1		10,3	+ 0,4	19,4		10,7		8,4	+ 0,1	18,2	
Streichbaum	fest	10,4		10,2	+ 0,3	19,5	+ 0,1	10,8		8,6	+ 0,3	18,5	+ 0,3
	beweglich	10,5	+ 0,1	9,9		19,4		10,8		8,3		18,2	

* o.T.K.: obere Totpunktlage der Kurbeln.
** Entfernung zwischen Streichbaum und Webschäften.

Krumpfung mit der Webstuhleinstellung im entgegengesetzten Sinn zur Einarbeitung, was mit den in Kette und Schuß herrschenden Spannungsverhältnissen, die das letztgenannte Merkmal bedingen, zusammenhängt.

3.51 Fachwechsel

Die Krumpfung nimmt in der Kette bei frühem Fachwechsel zu, im Schuß ab, und zwar beim Halbleinen um 1,9 bzw. 0,7 Prozentpunkte, beim Baumwollgewebe um 2,2 bzw. 0,9 Prozentpunkte. Diese Veränderungen sind statistisch hoch gesichert. Insgesamt ergibt sich eine Zunahme der Flächenkrumpfung um 1,1 bzw. 1,2 Prozentpunkte. Mit dem Übergang vom frühen zum späten Fachwechsel ist somit die Möglichkeit gegeben, eine gewisse Verkleinerung der Gesamtkrumpfung zu erreichen. Einschränkend ist aber dazu zu bemerken, daß mit dieser Maßnahme die Gefahr einer Rietstreifigkeit der Ware verbunden ist (s. Abschnitt 3.11).

3.52 Fachhöhe

Die Fachhöhe beeinflußt die Krumpfung derart, daß sie beim Übergang vom großen zum kleinen Fach in der Kette zu- und im Schuß abnimmt. Die Änderungen sind verhältnismäßig gering, doch statistisch echt. Sie betragen beim Halbleinengewebe 0,4 bzw. 0,3, beim Baumwollgewebe 0,6 bzw. 0,5 Prozentpunkte. Die resultierende Änderung in der Flächenkrumpfung ist in beiden Fällen mit 0,1 Prozentpunkten kaum erwähnenswert.

3.53 Streichbaumhöhe

Den stärksten Einfluß auf die Krumpfung hat die Streichbaumhöhe. Um 2,5 bzw. 3,0 Prozentpunkte erhöht sich die Kettkrumpfung beim Übergang von geringer zu großer Streichbaumhöhe. Die Krumpfung in Schußrichtung reagiert darauf mit einem Rückgang von 0,4 bzw. 0,8 Prozentpunkten. Die Veränderung ist statistisch hoch gesichert. Der bemerkenswerte Unterschied in der Größenordnung der Krumpfungsänderung der Kett- und Schußrichtung läßt auch die Beeinflussung der Flächenkrumpfung um 1,8 bzw. 2,0 Prozentpunkte deutlich in Erscheinung treten. Die niedrigsten Flächenkrumpfungen sind bei geringer Streichbaumhöhe vorhanden. Die Herabsetzung der Gesamtkrumpfung auf diesem Wege dürfte aber nicht in jedem Falle möglich sein, da das Tiefersetzen des Streichbaums die Erzielung hoher Gewebedichten erschwert.

3.54 Entfernung zwischen Streichbaum und Webschäften

Hier sind die durch Veränderung der Streichbaumtiefe erreichbaren Veränderungen der Krumpfung wiederum nur gering. Mit abnehmender Tiefe fanden wir Zunahmen der Kettkrumpfung von 0,4 bzw. 0,7 Prozentpunkten und Abnahmen der Schußkrumpfung von 0,4 und 0,1 Prozentpunkten. Die ersteren Werte sind statistisch gesichert, die letzteren nicht. Eine Veränderung der Flächenkrumpfung ergibt sich nur beim Baumwollgewebe mit dem unbedeutenden Betrag von 0,6 Prozentpunkten.

3.55 Streichbaumbewegung

Die durch Übergang vom festen zum beweglichen Streichbaum oder umgekehrt erzielbaren Veränderungen der Krumpfung, die sich eigenartigerweise gleichsinnig mit der Beeinflussung der Einarbeitung ergaben, sind – sofern vorhanden – unbedeutend und statistisch nicht gesichert.

Die Veränderungen des Fachwechselzeitpunktes und der Streichbaumhöhe vermögen die Gewebekrumpfung in Kette und Schuß merklich zu beeinflussen, während Fachhöhe, Streichbaumtiefe und die Alternative zwischen festem und beweglichem Streichbaum sich, wenn überhaupt, so nur in geringem Maße auswirken. Das gleiche gilt auch für die Beeinflussung der Flächenkrumpfung.

3.6 Besonderheiten beim Weben

Die für die Durchführung des Versuchsprogrammes vorgenommenen Webstuhlumstellungen hatten im allgemeinen nennenswerte Änderungen der Schlageinstellung und der Schützenbremsung nicht erforderlich gemacht. Lediglich bei dem frühen Fachumtritt mußte der Schlagbeginn wesentlich vorverlegt werden. Das Weben der kleinen Probenabschnitte ließ Beobachtungen hinsichtlich der Kettfadenbruchhäufigkeit nicht zu. Dagegen war es möglich, die Vortuchbildung[3] zu beobachten, die Schlüsse auf die Beanspruchung der Kettfäden zuläßt. Tab. 5 enthält die gemessenen Größen des Vortuches in mm.

3.61 Fachwechsel

Die vorzeitige Einbindung des Schußfadens beim frühen Fachwechsel bewirkt ein intensives Anpressen der Schußfäden bei der Gewebebildung, während nach

[3] Unter Vortuch versteht der Weber die Breite des Anschlagstreifens, das heißt der Strecke, um die sich das Webblatt nach Berührung des Geweberandes noch weiter vorwärtsbewegt.

Anschlagen des offenliegenden Schußfadens beim späten Fachumtritt ein Zurückspringen der Schußfäden eintritt. Die dadurch bewirkte geringere Dichte (s. Abschnitt 3.31), fördert die Vortuchbildung. Während beim frühen Fachwechsel für beide Gewebe nur eine geringe Vortuchbildung von 1 mm gemessen wurde, ergab sich beim Übergang zu einem späten Fachwechsel eine Zunahme auf 3 mm.

Tab. 5 Vortuchbildung

Webstuhleinstellung		Vortuchbildung in mm			
		Halbleinengewebe		Baumwollgewebe	
Fachwechsel	früh	1	↓	1	↓
	o.T.K.*	2		2	
	spät	3	+ 2	3	+ 2
Fachhöhe	klein	2	↓	2	↓
	normal	2		2	
	groß	3	+ 1	3	+ 1
Streichbaumhöhe	gering	6	+ 6 ↑	10	+ 10 ↑
	mittel	2		2	
	groß	0		0	
Streichbaumtiefe**	gering	2	↓	2	↓
	mittel	2		2	
	groß	3	+ 1	3	+ 1
Streichbaum	fest	5	+ 3 ↑	5	+ 3 ↑
	beweglich	2		2	

* o.T.K.: obere Totpunktlage der Kurbeln.
** Entfernung zwischen Streichbaum und Webschäften.

3.62 Fachhöhe

Das Weben mit großem Webfach erhöht für beide Gewebearten im Vergleich zum mittleren und kleinen Webfach die Vortuchbildung um 1 mm. Auch hier bewirkt die höhere Schußdichte mit kleiner werdendem Webfach eine Verbesserung der Arbeitsbedingungen und eine Abnahme der Vortuchbildung.

3.63 Streichbaumhöhe

Die Streichbaumhöhe übt den stärksten Einfluß auf die Größe des Vortuches aus. Eine geringe Streichbaumhöhe bewirkt infolge zurückgehender Schußdichte ein starkes Wandern der Ware. Die Vortuchbildung nimmt hierbei für das Halbleinengewebe einen Wert von 6 mm und für das Baumwollgewebe einen Wert von 10 mm ein. Ein hochgelegter Streichbaum ließ die Vortuchbildung praktisch auf Null zurückgehen.

3.64 Entfernung zwischen Streichbaum und Webschäften

Zunehmende Streichbaumtiefe erhöht mit abnehmender Schußdichte beim Weben die Vortuchbildung. Bei beiden Versuchsgeweben waren zwischen geringem und großem Abstand des Streichbaums von den Webschäften Anstiege von 2 auf 3 mm zu verzeichnen.

3.65 Streichbaumbewegung

Im Verhältnis zum Weben mit beweglichem Streichbaum, bei dem die Vortuchbildung 2 mm betrug, ergaben sich bei Gewebeherstellung mit feststehendem Streichbaum starke Vortuchbildungen, die ein Ausmaß von 5 mm erreichten. Für diese Erscheinung ist überlegungsmäßig eine Erklärung nicht zu finden, sofern man die Vortuchbildung mit dem Ausmaß der erzielten Schußdichte in Verbindung bringt. Wie in Abschnitt 3.35 berichtet, ist eine Beziehung zwischen der Streichbaumbewegung und der Dichte nicht gefunden worden

4. Zusammenfassung

Der Bericht behandelt die Auswirkungen unterschiedlicher Webstuhleinstellungen auf den Gewebeausfall, die Gewebebreite und -dichte, auf die Einarbeitung der Fäden, die Krumpfneigung der Gewebe sowie auf die Besonderheiten beim Weben von Halbleinen- und Baumwollgeweben.

Den Untersuchungen diente eine einheitliche Webkette aus rohem Baumwollgarn Nm 28 (36 tex). Mit $\frac{1}{2}$-gebleichtem Flachsgarnschuß Nm 21 (48 tex) und rohem Baumwollgarnschuß Nm 20 (50 tex) wurden Kopfkissenwaren in Leinwandbindung hergestellt.

Die Tab. 6 faßt die in den einzelnen Abschnitten des Berichtes beschriebenen Ergebnisse derart zusammen, daß alle erkannten Tendenzen durch Plus und Minus gekennzeichnet sind. In Fällen, in denen eine statistische Sicherheit von mindestens 95% nicht nachgewiesen werden konnte, ist dies durch in Klammern eingefügte Fragezeichen angegeben.

Die Versuchsergebnisse zeigen, daß das *Gewebebild* von der Webstuhleinstellung verändert werden kann, insbesondere durch den Zeitpunkt des Fachwechsels und die Höhenstellung des Streichbaumes.

Eine Beeinflussung der *Gewebedichten* durch die Einstellung des Webstuhles ist ebenfalls vorhanden. Die stärksten Auswirkungen treten auch hier durch Veränderungen des Fachwechsels und der Streichbaumhöhe auf.

Die *Gewebebreiten* verhalten sich wie die Kettdichten, deren relativ wenig bedeutende Veränderungen absolut gesehen und auf je 1 cm bezogen sich auf die gesamte Warenbahn immerhin derart auswirken, daß sich nicht vernachlässigbare Breitendifferenzen ergeben.

Deutliche Abhängigkeiten von den Webstuhleinstellungen zeigen die *Einarbeitungen*. Auch diese reagieren am stärksten auf Änderungen des Fachwechsels und der Streichbaumhöhe, wobei beachtliche Abweichungen auftreten. Der Zunahme der Einarbeitung in der einen Geweberichtung steht eine Verkleinerung der Einarbeitung in der anderen Geweberichtung gegenüber.

Ebenso wie die Einarbeitung wird auch die *Gewebekrumpfung* deutlich von der Einstellung des Webstuhles beeinflußt. Besonders sind es wieder Fachwechsel- und Streichbaumhöheneinstellungen, die stark einzuwirken vermögen. Webstuhleinstellungen üben auf Kettkrumpfung und Schußkrumpfung gegenläufige Wirkungen aus.

Zur Ergänzung der Versuchsergebnisse wurde beim Weben die *Vortuchbildung* festgestellt. Die gefundenen Größen bestätigen die vorstehenden Untersuchungen.

Die Ergebnisse dieser Arbeit haben gezeigt, daß die Einstellung des Webstuhles vielfach mehr als trendmäßigen Einfluß auf die untersuchten Merkmale der Gewebe – Breite, Dichte, Einarbeitung, Krumpfung – ausübt. Diese Zusammen-

Tab. 6 Zusammenfassung der Versuchsergebnisse

		Webstuhleinstellung									
		Fachwechsel		Fachhöhe		Streichbaumhöhe		Streichbaumtiefe*		Streichbaum	
		früh	spät	gering	groß	gering	groß	gering	groß	fest	beweglich
Gewebebeurteilung		+	—	+	—	—	+	+	—		
Gewebebreite		—	+	—	+	+	—	—	+	— (?)	+ (?)
Gewebedichte	Kettr.	+	—	+	—	—	+	+	—	+ (?)	— (?)
	Schußr.	+	—	+ (?)	— (?)	—	+	+ (?)	— (?)		
Einarbeitung	Kettr.	—	+	—	+	+	—	—	+	—	+
	Schußr.	+	—	+	—	—	+	+	—	+	—
Gewebe-krumpfung	Kettr.	+	—	+	—	—	+	+	—	— (?)	+ (?)
	Schußr.	—	+	—	+	+	—	— (?)	+ (?)	+ (?)	— (?)
Vortuch		—	+	—	+	+	—	—	+	+	—

Zunahme = + (bei Gewebebeurteilung = besser).
Abnahme = — (bei Gewebebeurteilung = schlechter).
* Entfernung zwischen Streichbaum und Webschäften.

hänge findet man in der vorhandenen Fachliteratur nur vereinzelt, nicht aber systematisch zusammengestellt, wie dies nach den durchgeführten Untersuchungen an Halbleinen- und Baumwollware möglich wurde. Ihre Kenntnis ist sicherlich sowohl allgemein für die Beherrschung der Materie als auch für die Praxis der Betriebsüberwachung und -kalkulation von Wert. Inwieweit sie die Möglichkeit schafft, darüber hinaus eine gezielte Beeinflussung der Gewebeeigenschaften zu erreichen, muß der Praktiker von Fall zu Fall entscheiden.

Diese Arbeit wurde durchgeführt unter Inanspruchnahme eines Zuschusses des Amtes für Forschung des Landes Nordrhein-Westfalen, für den an dieser Stelle gebührend gedankt sei.

Der Firma A. W. Kisker, Bielefeld und der Betriebsleitung ihres Werkes Mennighüffen (Westf.) sei für die Unterstützung bei der Versuchsdurchführung ebenfalls unser Dank ausgesprochen.

Bielefeld, März 1963

Dipl.-Ing. Waldemar Rohs

Text.-Ing. Hugo Griese

FORSCHUNGSBERICHTE
DES LANDES NORDRHEIN-WESTFALEN

Herausgegeben im Auftrage des Ministerpräsidenten Dr. Franz Meyers
von Staatssekretär Prof. Dr. h. c. Dr.-Ing. E. h. Leo Brandt

Textilforschung

Gliederungsübersicht

Allgemeines, Textilphysik, Textilchemie, Textilrohstoffe

Raumklima in Textilindustriebetrieben; insbesondere elektrostatische Raumluftaufladung und relative Luftfeuchtigkeit

Spinnereivorbereitung (Verfahren und Maschinen)

Spinnerei und Zwirnerei (Verfahren und Maschinen)

Nachbehandlung von Garnen und Zwirnen

Beurteilung fertiger Garne und Zwirne nach Herstellungsverfahren und Eigenschaften

Webereivorbereitung (Verfahren und Maschinen)

Weberei (Verfahren und Maschinen)

Beurteilung von Geweben und anderen textilen Flächengebilden nach Herstellungsverfahren und Eigenschaften

Textilveredlung (Bleichen, Färben, Drucken, Ausrüsten)

Arbeitsvorgänge und Maschinen in der Bekleidungsindustrie

Gebrauchsfragen einschließlich Wäscherei und Chemischreinigung

Textilprüfverfahren, Textilprüfgeräte

Betriebswirtschaftliche Untersuchungen auf dem Textilgebiet

Volkswirtschaftliche Untersuchungen auf dem Textilgebiet

Allgemeines, Textilphysik, Textilchemie, Textilrohstoffe

HEFT 34
Prof. Dr. rer. nat. Wilhelm Weltzien, Krefeld
Quellungs- und Entquellungsvorgänge bei Faserstoffen
1953, 52 Seiten, 13 Abb., 13 Tabellen, DM 9,80

HEFT 35
Prof. Dr. phil. nat. Wilhelm Kast, Krefeld
Röntgenographische Feinstrukturuntersuchungen an künstlichen Zellulosefasern verschiedener Herstellungsverfahren.
Teil I: Der Orientierungszustand
1953, 74 Seiten, 30 Abb., 7 Tabellen, DM 13,80

HEFT 64
Prof. Dr. rer. nat. Wilhelm Weltzien und Dr. rer. nat. habil. Johannes Juilfs, Krefeld
Die Kettenlängenverteilung von hochpolymeren Faserstoffen
Über die fraktionierte Fällung von Polyamiden (I)
1954, 44 Seiten, 13 Abb., DM 8,60

HEFT 93
Prof. Dr. phil. nat. Wilhelm Kast, Krefeld
Spinnversuche zur Strukturerfassung künstlicher Zellulosefasern
1954, 82 Seiten, 39 Abb., 6 Tabellen, DM 16,—

HEFT 173
Prof. Dr. phil. nat. Rolf Hosemann und Dipl.-Phys. Günter Schoknecht, Berlin, vorgelegt von Prof. Dr. phil. nat. Wilhelm Kast, Krefeld
Lichtoptische Herstellung und Diskussion der Faltungsquadrate parakristalliner Gitter
1956, 108 Seiten, 63 Abb., 6 Tabellen, DM 24,70

HEFT 260
Prof. Dr. phil. nat. Herbert A. Stuart und Dipl.-Phys. Heinz Gerhard Fendler, Hannover, vorgelegt durch Prof. Dr. phil. nat. Wilhelm Kast, Freiburg (Breisgau)
Lichtzerstreuungsmessungen an Lösungen hochpolymerer Stoffe
1956, 70 Seiten, 20 Abb., 5 Tabellen, DM 15,60

HEFT 261
Prof. Dr. phil. nat. Wilhelm Kast, Freiburg (Br.)
Röntgenographische Feinstrukturuntersuchungen an künstlichen Zellulosefasern verschiedener Herstellungsverfahren.
Teil II: Der Kristallisationszustand
1956, 80 Seiten, 27 Abb., 11 Tabellen, DM 17,20

HEFT 301
Prof. Dr. rer. nat. Wilhelm Weltzien, Dr. rer. nat. Gerda Cossmann und Peter Diehl, Krefeld
Über die fraktionierte Fällung von Polyamiden (II)
1956, 54 Seiten, 1 Abb., 16 Tabellen, DM 11,30

HEFT 433
Dr.-Ing. Günther Satlow, Aachen
Über einige physikalische und chemische Eigenschaften der Wolle von der gewaschenen Wolle bis zum Kammzug
1957, 72 Seiten, 15 Abb., 19 Tabellen, DM 15,25

HEFT 614
Prof. Dr. rer. nat. Wilhelm Weltzien, Dr. rer. nat. habil. Johannes Juilfs und Dr. rer. nat. Werner Bubser, Krefeld
Die Textilforschungsanstalt Krefeld 1920—1958
Ein Bericht zur Einweihung ihres Neubaus Frankenring 2
1958, 78 Seiten, 11 Abb., 5 Baupläne, DM 23,80

HEFT 731
Dr.-Ing. Günther Satlow, Aachen
Hautwolle und Schurwolle. Eine Gegenüberstellung ihrer wichtigsten chemischen und physikalischen Eigenschaften
1959, 96 Seiten, 4 Abb., 31 Tabellen, DM 23,60

HEFT 790
Prof. Dr. phil. nat. Wilhelm Kast, Freiburg/Breisgau und Dipl.-Ing. Victor Elsässer, Leverkusen
Fließvorgänge in der Spinndüse und dem Blaukonus des Cuoxam-Verfahrens
1960, 131 Seiten, 59 Abb., 37 Tabellen, DM 36,50

HEFT 839
Prof. Dr. rer. nat. habil. Johannes Juilfs, Krefeld
Zur Bestimmung der Absolutdichte von Fasern
1960, 24 Seiten, 5 Abb., 3 Tabellen, DM 8,10

HEFT 879
Dipl.-Chem. Dr. rer. nat. Hans-Günther Fröhlich, Mönchengladbach
Einsatz von künstlichen Eiweißfasern in Mischung mit Wolle und Kaninhaar zur Herstellung von Hutfilzen
1960, 42 Seiten, 15 Abb., 10 Tabellen, DM 12,90

HEFT 1084
Dr.-Ing. Günther Satlow, Deutsches Wollforschungsinstitut an der Rhein.-Westf. Technischen Hochschule Aachen
Charakteristische Eigenschaften von Rohwollen.
1962, 67 Seiten, 15 Abb., 11 Tabellen, DM 33,80

HEFT 1106
Dr. rer. nat. Werner Bubser und Dr. rer. nat. Walter Fester, Textilforschungsanstalt, Krefeld
Quell- und Lösereaktionen an Polyesterfasern zur Untersuchung von deren Veränderungen und Schädigungen.
1962, 34 Seiten, 14 Abb., 13 Tabellen, DM 16,—

HEFT 1132
Dr. rer. nat. Werner Bubser und Dr. rer. nat. Walter Fester, Textilforschungsanstalt, Krefeld
Untersuchungen über die Anwendung der Trübungstitration bei Polyamiden.
1962, 33 Seiten, 19 Abb., DM 14,50

HEFT 1154
Dr.-Ing. Günter Blankenburg, Deutsches Wollforschungsinstitut an der Rhein.-Westf. Technischen Hochschule Aachen
Chemische und physikalische Eigenschaften von unveränderter und veränderter Wolle in Beziehung zum Filzvermögen.
1963, 96 Seiten, 38 Abb., 35 Tabellen, DM 43,80

HEFT 1156
Dr. rer. nat. Hans Hendrix und Dr. rer. nat. Walter Fester, Textilforschungsanstalt, Krefeld
Potentiometrische Endgruppenbestimmung an synthetischen Fasern.
Die Bestimmung der sauren Endgruppen an Polyester- und Polyacrylnitrilfasern.
1963, 23 Seiten, 3 Abb., 2 Tabellen, DM 10,70

HEFT 1157
Dr. rer. nat. Walter Fester und Dr. rer. nat. Hans Hendrix, Textilforschungsanstalt, Krefeld
Analytische Untersuchungen an Polyacrylnitril- und Polyesterfasern.
1963, 25 Seiten, 5 Abb., 5 Tabellen, DM 10,40

HEFT 1205
Dr. rer. nat. Werner Bubser, Textilforschungsanstalt, Krefeld
Vergleichende Bestimmungen des Schmelzpunktes an synthetischen Faserstoffen.
1963, 25 Seiten, 5 Abb., 9 Tabellen, DM 11,80

HEFT 1212
Dr. rer. nat. Heimo Pfeifer, Textil-Technisches Institut der Vereinigten Glanzstoff-Fabriken AG und Deutsches Wollforschungsinstitut an der Rhein.-Westf. Technischen Hochschule Aachen
Über den hydrolytischen und aminolytischen Abbau von Polyesterfasern
In Vorbereitung

HEFT 1300
Dr. rer. nat. Werner Bubser, Textilforschungsanstalt Krefeld
Einfluß der Trocknungsbedingungen beim Schlichten auf die technologischen Eigenschaften und die Entschlichtbarkeit bei Chemiefasern auf Zellulosebasis
In Vorbereitung

Raumklima in Textilindustriebetrieben; insbesondere elektrostatische Raumluftaufladung und relative Luftfeuchtigkeit

HEFT 273
Karl H. W. Tacke, Wuppertal-Barmen
Erfahrungen beim Verspinnen von Perlonfasern und bei der Herstellung von Trikotagen aus gesponnenem Perlon
1956, 36 Seiten, DM 7,90

HEFT 897
Prof. Dr.-Ing. Walther Wegener und Dipl.-Ing. Dieter Quambusch, Aachen
Zusammenhang zwischen dem Raumklima und der elektrostatischen Aufladung des Spinnmaterials
1960, 86 Seiten, 44 Abb., 5 Tabellen, DM 23,90

HEFT 1119
Prof. Dr. Hans Israel, Dozent für Geophysik und Meteorologie an der Rhein.-Westf. Technischen Hochschule Aachen, und Dipl.-Ing. H. Bücker
Raumklimatische Untersuchungen im Zusammenhang mit Spinnereiproblemen unter besonderer Berücksichtigung der elektrischen Eigenschaften klimatisierter Luft.
1963, 193 Seiten, 67 Abb., 15 Tabellen, DM 86,—

Spinnereivorbereitung (Verfahren und Maschinen)

HEFT 97
Obering. Herbert Stein, Mönchengladbach
Ermittlung der Haft-Gleiteigenschaften von Faserbändern und Vorgarnen
2. Bericht der Reihe: Untersuchungen der Verzugsvorgänge an den Streckwerken verschiedener Spinnereimaschinen
1955, 98 Seiten, 34 Abb., DM 21,—

HEFT 397
Dipl.-Ing. Waldemar Rohs und Dipl.-Ing. Rudolf Otto, Bielefeld
Ungleichmäßigkeiten in Bändern von Bastfaserkarden, ihre Ursachen und Auswirkungen
1957, 60 Seiten, 16 Abb., 42 Diagramme, DM 14,80

HEFT 435
Dipl.-Ing. Waldemar Rohs und Dipl.-Ing. Ludwig Steinmetz, Bielefeld
Die Massenungleichmäßigkeit von Flachsstreckenbändern in Abhängigkeit von Verzug und Dopplung *1957, 42 Seiten, 4 Abb., 2 Tabellen, DM 9,90*

HEFT 479
Prof. Dr.-Ing. Walther Wegener, Aachen, und Dipl.-Ing. Herbert Fourné, Bochum
Ursachen des Überschreitens der Toleranzgrenze nach oben oder unten (Meter pro Gramm) an der Strecke
1957, 60 Seiten, 17 Abb., 3 Tabellen, DM 14,60

HEFT 609
Dipl.-Ing. Waldemar Rohs und Dipl.-Ing. Ludwig Steinmetz, Bielefeld
Verteilung der Bastfasern im Verzugsfeld einer Nadelabstrecke
1958, 42 Seiten, 10 Abb., 2 Tabellen, DM 13,45

HEFT 732
Dipl.-Ing. Waldemar Rohs und Dipl.-Ing. Rudolf Otto, Bielefeld
Messung von Verzugskräften in Nadelfeldern von Bastfaserstrecken
1959, 40 Seiten, 9 Abb., 4 Tabellen, DM 11,60

HEFT 818
Prof. Dr.-Ing. Walther Wegener, Aachen
Grundlegende Untersuchungen zur Frage der Spinnavivierung von Rohbaumwolle
1959, 38 Seiten, 20 Abb., 5 Tabellen, DM 10,70

HEFT 846
Obering. Herbert Stein und
Ing. Martin Eidelsburger, Mönchengladbach
Untersuchungen an Baumwollkarden zwecks Ermittlung der Fehlerursachen für Dickeschwankungen *1960, 46 Seiten, 23 Abb., DM 14,30*

HEFT 847
Obering. Herbert Stein und
Ing. Martin Eidelsburger, Mönchengladbach
Untersuchungen über den Ablauf der Arbeitsvorgänge bei Schlagmaschinen in Baumwoll- und Zellwollaufbereitungsanlagen
1960, 54 Seiten, 29 Abb., DM 16,70

HEFT 896
Prof. Dr.-Ing. Walther Wegener, Aachen
Einfluß der höheren Vorgarndrehung geflyerter Lunten auf die Ungleichmäßigkeit und die dynamometrischen Eigenschaften des fertigen Garnes
1960, 32 Seiten, 12 Abb., 3 Tabellen, DM 9,20

Spinnerei und Zwirnerei (Verfahren und Maschinen)

HEFT 13
Dipl.-Ing. Waldemar Rohs und
Textil-Ing. Gustav Heller, Bielefeld
Das Naßspinnen von Bastfasergarnen mit chemischen Zusätzen zum Spinnbad
1953, 52 Seiten, 4 Abb., 19 Tabellen, DM 10,—

HEFT 238
Obering. Herbert Stein, Mönchengladbach
Theoretische Betrachtungen über den Einfluß schlagender Zylinder und Druckrollen
3. Bericht der Reihe: Untersuchungen der Verzugsvorgänge an den Streckwerken verschiedener Spinnereimaschinen
1956, 66 Seiten, 21 Abb., DM 14,10

HEFT 340
Dipl.-Ing. Waldemar Rohs und
Dipl.-Ing. Rudolf Otto, Bielefeld
Das Naßspinnen von Bastfasergarnen mit Spinnbadzusätzen unter Ausnutzung einer zentralen Spinnwasserversorgungsanlage
1956, 56 Seiten, 2 Abb., 6 Tabellen, DM 11,60

HEFT 378
Obering. Herbert Stein, Mönchengladbach
Beobachtung und meßtechnische Erfassung der Vorgänge im Spinn- und Aufwindefeld von Ringspinn- und Ringzwirnmaschinen
1957, 104 Seiten, 88 Abb., 3 Tabellen, DM 26,90

HEFT 918
Obering. Herbert Stein, Mönchengladbach
Ermittlung des Einflusses verschiedener Streckwerkseinstellungen und der verwendeten Konstruktionsteile auf die Verzugsvorgänge
4. Bericht der Reihe: Untersuchungen der Verzugsvorgänge an den Streckwerken verschiedener Spinnereimaschinen
1960, 44 Seiten, 5 Abb. 13 Tabellen, DM 13,70

HEFT 920
Dipl.-Ing. Rudolf Otto und
Textil-Ing. Manfred Le Claire
Fadenspannungen beim Naßringspinnen von Bastfasern in ihrer Abhängigkeit von Fadenführung und Gestaltung von Ring und Läufer
1960, 54 Seiten, 18 Abb., 14 Tabellen, DM 16,40

HEFT 937
Dipl.-Ing. Waldemar Rohs, Dipl.-Ing. Rudolf Otto und
Textil-Ing. Hugo Griese, Bielefeld
Trockenspinnverfahren für Leinengarne und Einsatz trocken gesponnener Garne in der Leinenweberei
1960, 56 Seiten, 14 Abb., 14 Tabellen, DM 19,90

HEFT 1166
Oberingenieur Herbert Stein,
Institut für textile Meßtechnik Mönchengladbach
Vergleich des Band-Spinnens von Baumwolle und Chemiefasern (ohne Flyerpassage) mit dem klassischen Baumwollspinnverfahren.
1963, 79 Seiten, 35 Abb., DM 36,80

Nachbehandlung von Garnen und Zwirnen

HEFT 20
Dipl.-Ing. Waldemar Rohs, Dr.-Ing. Günther Satlow
und Textil-Ing. Gustav Heller, Bielefeld
Trocknung von Leinengarnen I
Vorgang und Einwerkung auf die Garnqualität
1953, 62 Seiten, 18 Abb., 5 Tabellen, DM 12,—

HEFT 21
Dipl.-Ing. Waldemar Rohs, Dr.-Ing. Günther Satlow
und Textil-Ing. Gustav Heller, Bielefeld
Trocknung von Leinengarnen II
Spulenanordnung und Luftführung beim Trocknen von Kreuzspulen
1953, 66 Seiten, 22 Abb., 9 Tabellen, DM 13,—

HEFT 79
Dipl.-Ing. Waldemar Rohs, Dr.-Ing. Günther Satlow
und Textil-Ing. Gustav Heller, Bielefeld
Trocknung von Leinengarnen III
Spinnspulen- und Spinnkopstrocknung
Vorgang und Einwirkung auf die Garnqualität
1954, 74 Seiten, 18 Abb., 10 Tabellen, DM 14,—

HEFT 172
Dipl.-Ing. Waldemar Rohs, Dr.-Ing. Günther Satlow
und Textil-Ing. Gustav Heller, Bielefeld
Trocknung von Hanfgarnen
Kreuzspultrocknung
1955, 60 Seiten, 7 Abb., 4 Tabellen, DM 10,30

HEFT 185
Dipl.-Ing. Waldemar Rohs und
Textil-Ing. Gustav Heller, Bielefeld
Studien an einem neuzeitlichen Kreuzspultrockner für Bastfasergarne mit Wiederbefeuchtungszone
1955, 52 Seiten, 9 Abb., 3 Tabellen, DM 10,70

HEFT 442
Dipl.-Ing. Waldemar Rohs, Textil-Ing. Hugo Griese und Textil-Ing. Walter Lauer, Bielefeld
Die Auswirkungen der Trocknungsart naßgesponnener Leinengarne auf deren Verarbeitungswirkungsgrad sowie auf die Festigkeits- und Dehnungseigenschaften der Garne und Gewebe
1957, 28 Seiten, 2 Abb., 3 Tabellen, DM 6,50

Beurteilung fertiger Garne und Zwirne nach Herstellungsverfahren und Eigenschaften

HEFT 196
Dipl.-Ing. Waldemar Rohs und Textil-Ing. Hugo Griese, Bielefeld
Auswirkungen von Garnfehlern bei der Verarbeitung von Leinengarnen
1955, 24 Seiten, 3 Abb., 6 Tabellen, DM 7,80

HEFT 339
Prof. Dr.-Ing. Walther Wegener und Dipl.-Ing. Willi Zahn, Aachen
Vergleich des normalen mit verschiedenen abgekürzten Baumwollspinnverfahren in bezug auf Gleichmäßigkeit und Sortierungsstreuung der Garne
1956, 56 Seiten, 17 Abb., 17 Tabellen, DM 12,70

HEFT 632
Prof. Dr.-Ing. Walther Wegener, Aachen
Aufstellung und Vergleich von Variance-within- und Variance-between-Kurven von Garnen, die nach verschiedenen Spinnverfahren hergestellt werden
1958, 76 Seiten, 35 Abb., DM 19,10

HEFT 699
Oberstudiendirektor Dr.-Ing. Erich Wagner, Wuppertal-Barmen
Studium der Drehungsverhältnisse an Perlon- und Nylongarnen zur Herstellung von Strumpfgewirken
1959, 30 Seiten, 11 Abb., DM 9,20

Webereivorbereitung (Verfahren und Maschinen)

HEFT 9
Dipl.-Ing. Waldemar Rohs und Textil-Ing. Gustav Heller, Bielefeld
Untersuchungen über die zweckmäßige Wicklungsart von Leinengarnkreuzspulen unter Berücksichtigung der Anwendung hoher Geschwindigkeiten des Garnes
Vorversuche für Zetteln und Schären von Leinengarnen auf Hochleistungsmaschinen
1952, 48 Seiten, 7 Abb., 7 Tabellen, DM 9,25

HEFT 19
Dipl.-Ing. Waldemar Rohs und Textil-Ing. Hugo Griese, Bielefeld
Die Auswirkung des Schlichtens von Leinengarnketten auf den Verarbeitungswirkungsgrad sowie die Festigkeit und Dehnungsverhältnisse der Garne und Gewebe
1953, 48 Seiten, 1 Abb., 9 Tabellen, DM 9,—

HEFT 63
Prof. Dr. rer. nat. Wilhelm Weltzien und Dipl.-Chem. Paul Ringel, Krefeld
Neue Methoden zur Untersuchung der Wirkungsweise von Textilhilfsmitteln
Untersuchungen über Schlichtungs- und Entschlichtungsvorgänge
1954, 34 Seiten, 1 Abb., 5 Tabellen, DM 6,80

HEFT 338
Prof. Dr.-Ing. Walther Wegener, Aachen, und Dipl.-Ing. Josef Schneider, Mönchengladbach
Die Bedeutung der Knotenart für die Herabminderung der Fadenbrüche
1956, 40 Seiten, 6 Abb., 17 Tabellen, DM 9,80

HEFT 434
Dipl.-Ing. Waldemar Rohs und Dr. rer. nat. Ingeborg Geurten, Bielefeld
Schlichten für Baumwollgarne
1957, 96 Seiten, 3 Abb., zahlr. Tabellen, DM 23,70

HEFT 654
Obering. Herbert Stein und Textil-Ing. Herbert v. d. Weyden, Mönchengladbach, Dipl.-Ing. Waldemar Rohs und Textil-Ing. Hugo Griese, Bielefeld
Untersuchungen an Spulvorrichtungen in der Leinen- und Halbleinenweberei
1958, 98 Seiten, 29 Abb., 33 Tabellen, DM 23,80

HEFT 885
Dr. rer. nat. Ingeborg Lambrinou-Geurten, Krefeld
Einfluß von Fettzusätzen auf das rheologische Verhalten von Schlichteflotten
1960, 58 Seiten, 18 Abb., 3 Tabellen, DM 16,50

HEFT 917
Obering. Herbert Stein und Ing. Gerhard Hoischen, Mönchengladbach
Ermittlung der Vorgänge beim Benetzen und Trocknen von Fäden unter besonderer Berücksichtigung der Arbeitsweise von Schlichtmaschinen
1960, 78 Seiten, 75 Abb., DM 24,10

Weberei (Verfahren und Maschinen)

HEFT 3
Dipl.-Ing. Waldemar Rohs und Textil-Ing. Hugo Griese, Bielefeld
Untersuchungsarbeiten zur Verbesserung des Leinenwebstuhls I
Anpassung der Streichbaumbewegung an die Schaftbewegung. Ermittlung der günstigsten Streichbaumlage
1952, 44 Seiten, 7 Abb., 3 Tabellen, DM 12,50

HEFT 22
Dipl.-Ing. Waldemar Rohs und
Textil-Ing. Hugo Griese, Bielefeld
Die Reparaturanfälligkeit von Webstühlen
1953, 28 Seiten, 7 Abb., 5 Tabellen, DM 5,80

HEFT 41
Dipl.-Ing. Waldemar Rohs und
Textil-Ing. Hugo Griese, Bielefeld
Untersuchungsarbeiten zur Verbesserung des Leinenwebstuhles II
Das Verhalten verschiedener Kettfadenwächtersysteme
1953, 40 Seiten, 4 Abb., 5 Tabellen, DM 7,80

HEFT 80
Dipl.-Ing. Waldemar Rohs und
Textil-Ing. Hugo Griese, Bielefeld
Die Verarbeitung von Leinengarnen auf Webstühlen mit und ohne Oberbau
1954, 30 Seiten, 2 Abb., 2 Tabellen, DM 6,—

HEFT 92
Dipl.-Ing. Waldemar Rohs, Dr.-Ing. Günther Satlow
Textil-Ing. Hugo Griese, Bielefeld,
Obering. Herbert Stein und
Textil-Ing. Berthold Fischer, Mönchengladbach
Messungen von Vorgängen am Webstuhl
1954, 76 Seiten, 45 Abb., DM 15,50

HEFT 163
Dipl.-Ing. Waldemar Rohs und
Textil-Ing. Hugo Griese, Bielefeld
Untersuchungsarbeiten zur Verbesserung des Leinenwebstuhls III
Die Wirkung verschiedener Litzen
Die Stellung der Webschäfte
1955, 80 Seiten, 15 Abb., 18 Tabellen, DM 15,80

HEFT 226
Dipl.-Ing. Waldemar Rohs und
Textil-Ing. Hugo Griese, Bielefeld
Untersuchungen zur Verbesserung des Leinenwebstuhles IV
Die Wirkung verschiedener Kettbaumbremsen auf die Verwebung von Leinengarnen
1956, 64 Seiten, 9 Abb., 4 Tabellen, DM 13,50

HEFT 292
Dipl.-Ing. Waldemar Rohs und
Textil-Ing. Griese, Bielefeld
Webversuche an Leinenwebstühlen mit verbesserter Schaftbewegung
1956, 34 Seiten, 3 Abb., 2 Tabellen, DM 7,60

HEFT 379
Obering. Herbert Stein, Textil-Ing. F. W. Hanings' Mönchengladbach, Dipl.-Ing. Waldemar Rohs und Textil-Ing. Hugo Griese, Bielefeld
Schußfadenspannung beim Weben
1957, 76 Seiten, 17 Abb., 47 Diagramme, 3 Tabellen, DM 18,60

HEFT 494
Dipl.-Ing. Waldemar Rohs und
Textil-Ing. Hugo Griese, Bielefeld
Entwicklung und Erprobung eines verbesserten elektrischen Kettfadenwächtergeschirrs für die Leinen- und Halbleinenweberei
1957, 56 Seiten, 9 Abb., 11 Tabellen, DM 13,—

HEFT 621
Dipl.-Ing. Waldemar Rohs und
Textil-Ing. Hugo Griese, Bielefeld
Untersuchungen zur Verbesserung des Leinenwebstuhles V
Kettbaumbremsen und -regulatoren
1958, 42 Seiten, 6 Abb., 8 Tabellen, DM 11,30

HEFT 869
Dipl.-Ing. Waldemar Rohs und
Textil-Ing. Hugo Griese, Bielefeld
Zusammenwirken von Kett- und Schußfadenspannungen und ihr Einfluß auf den Gewebeausfall
1960, 32 Seiten, 4 Abb., 6 Tabellen, DM 9,90

HEFT 1167
Textil-Ing. Hugo Griese, Techn.
Wissenschaftliches Büro für die
Bastfaserindustrie, Bielefeld
Verbesserung der Wirtschaftlichkeit und des Warenausfalls durch zusätzliche Befeuchtung der verarbeiteten Garne in der Leinen- und Halbleinenweberei.
1962, 33 Seiten, 12 Abb., 6 Tabellen, DM 17,20

Beurteilung von Geweben und anderen textilen Flächengebilden nach Herstellungsverfahren und Eigenschaften

HEFT 29
Dipl.-Ing. Waldemar Rohs
Die Ausnützung der Leinengarne in Geweben
1953, 100 Seiten, 14 Abb., 10 Tabellen, DM 17,80

HEFT 674
Dipl.-Ing. Waldemar Rohs, Bielefeld
Die Ausnutzung der Garnfestigkeit in Halbleinengeweben
1958, 60 Seiten, 6 Abb., DM 14,30

HEFT 749
Dipl.-Ing. Waldemar Rohs und
Textil-Ing. Hugo Griese, Bielefeld
Einfluß verschiedener Webfaktoren auf die Krumpfung von Halbleinen- und Baumwollgeweben
1959, 28 Seiten, 2 Abb., 10 Tabellen, DM 8,60

HEFT 1002
Prof. Dr.-Ing. Walther Wegener und
Dipl.-Ing. Hans Peuker
Die Beziehungen zwischen der Garngleichmäßigkeit und dem Warenbild textiler Flächengebilde
1961, 128 Seiten, 3 Tabellen, DM 42,40

HEFT 1240
Dipl.-Ing. Waldemar Rohs und Dipl.-Ing. Rudolf Otto, Techn.-Wissenschaftliches Büro für die Bastfaserindustrie, Bielefeld
Verbesserung der Verarbeitungseigenschaften von Bastfasergarnen durch Beigabe einer Chemiefaserkomponente
1963, 35 Seiten, 12 Abb., 8 Tabellen, DM 18,60

Textilveredlung (Bleichen, Färben, Drucken, Ausrüsten)

HEFT 32
Dipl.-Ing. Waldemar Rohs und Textil-Ing. Hugo Griese, Bielefeld
Der Einfluß der Natriumchloritbleiche auf Qualität und Verwebbarkeit von Leinengarnen und die Eigenschaften der Leinengewebe unter besonderer Berücksichtigung des Einsatzes von Schützen- und Spulenwechselautomaten in der Leinenweberei
1953, 64 Seiten, 2 Abb., 12 Tabellen, DM 11,50

HEFT 69
Dipl.-Ing. Heinz Vollenbruck, Krefeld
Bestimmung des Faserabbaues bei Leinen unter besonderer Berücksichtigung der Leinengarnbleiche
1954, 48 Seiten, 15 Abb., 3 Tabellen, DM 9,60

HEFT 161
Prof. Dr. rer. nat. Wilhelm Weltzien und Dr. rer. nat. Gerd Hauschild, Krefeld
Über Silikone und ihre Anwendung in der Textilveredlung
1955, 162 Seiten, 22 Abb., 10 Tabellen, DM 27,—

HEFT 452
Prof. Dr. rer. nat. Wilhelm Weltzien und Dr. phil. nat. Karin Windeck, Krefeld
Veränderungen an Fasern bei der Bleiche mit Natriumchlorid und über einige Vergilbungserscheinungen
1957, 64 Seiten, 3 Abb., 13 Tabellen, DM 14,85

HEFT 496
Dipl.-Chem. Peter Vogel, Krefeld
Färberische Eigenschaften von zur Herstellung von Verdickungen in der Stoffdruckerei bestimmter Stoffen
1957, 38 Seiten, 3 Abb., 3 Tabellen, DM 9,30

HEFT 498
Prof. Dr.-Ing. Helmut Zahn und Dr. rer. nat. Wolfgang Gerstner, Aachen
Herstellung säurefester technischer Gewebe
1957, 40 Seiten, 8 Tabellen, DM 9,65

HEFT 501
Dipl.-Ing. Waldemar Rohs und Dr. rer. nat. Ingeborg Geurten, Bielefeld
Untersuchungen in der Leinengarnbleiche
1958, 50 Seiten, 5 Abb., 5 Tabellen, DM 11,50

HEFT 761
Dr. rer. nat. Ingeborg Lambrinou-Geurten, Bielefeld
Untersuchungen zur rationellen Durchfärbbarkeit von Bastfasergarnen
1959, 54 Seiten, 1 Abb., 16 Tabellen, DM 14,10

HEFT 816
Dr. rer. nat. Helmut Pfannmüller, Textil-Chemikerin Margret Pfannmüller und Prof. Dr.-Ing. Helmut Zahn, Aachen
Die Bewetterung chemisch modifizierter Wollgarne
1960, 28 Seiten, DM 10,10

HEFT 1020
Dr. rer. nat. Ingeborg Lambrinou-Geurten, Bielefeld
Das Bleichen von Pflanzenfasern mit Chlordioxyd-Erprobung eines neuen Bleichverfahrens in der Leinengarnbleiche
1961, 40 Seiten, 10 Abb., 6 Tabellen, DM 14,20

Arbeitsvorgänge und Maschinen in der Bekleidungsindustrie

HEFT 940
Dr.-Ing. Günther Satlow und Dr. rer. nat. Tarsilla Gerthsen, Aachen
Einfluß des Bügelns mit der Hoffmann-Presse auf einige Eigenschaften der Wolle
1960, 46 Seiten, 21 Tabellen, DM 13,50

Gebrauchsfragen einschließlich Wäscherei und Chemischreinigung

HEFT 15
Dipl.-Ing. Herbert Schmidt, Krefeld
Trocknen von Wäschestoffen
I. Lufttrocknung: Untersuchungen an Tumblern
1953, 40 Seiten, 14 Abb., 2 Tabellen, DM 9,—

HEFT 70
Dipl.-Ing. Herbert Schmidt, Krefeld
Trocknen von Wäschestoffen
II. Kontakttrocknung: Untersuchungen über den Trockenvorgang und die Wäschebeanspruchung bei der Kontakttrocknung
1954, 42 Seiten, 18 Abb., 3 Tabellen, DM 10,—

HEFT 84
Dr. med. habil. Dr. phil. Heinz Baron, Düsseldorf
Über Standardisierung von Wundtextilien
1954, 32 Seiten, DM 6,40

HEFT 119
Dipl.-Ing. Herbert Schmidt, Krefeld
Wäscherei- und energietechnische Untersuchung einer Gemeinschafts-Waschanlage
1955, 50 Seiten, 18 Abb., DM 10,20

HEFT 159
Textil-Chem. Oskar Oldenroth, Krefeld
Das Bleichen von Weißwäsche mit Wasserstoffsuperoxyd bzw. Natriumhypochlorid beim maschinellen Waschen
1955, 54 Seiten, 23 Abb., 2 Tabellen, DM 11,45

HEFT 171
Dipl.-Ing. Herbert Schmidt, Krefeld
Untersuchung der Wäscheentwässerung mit Hilfe von Zentrifugen und Pressen
1955, 42 Seiten, 16 Abb., 4 Tabellen, DM 9,70

HEFT 236
Dr.-Ing. Oswald Viertel und
Susanne Brückner-Lucas, Krefeld
Ergebnisse einer Hausfrauenbefragung über Wascheinrichtungen und Waschmethoden in städtischen Haushaltungen
1956, 34 Seiten, 4 Abb., DM 7,60

HEFT 393
Dr.-Ing. Oswald Viertel und
Susanne Brückner-Lucas, Krefeld
Arbeitszeitstudien an Haushaltwaschmaschinen
1957, 74 Seiten, 8 Abb., 13 Tabellen, DM 17,30

HEFT 587
Dipl.-Ing. Herbert Schmidt, Krefeld
Auswirkung der Strömungsverhältnisse in Trommelwaschmaschinen unter besonderer Berücksichtigung des Durchlaufspülens
1958, 20 Seiten, 8 Abb., DM 8,45

HEFT 722
Dr.-Ing. Oswald Viertel und Eva Malz, Krefeld
Mechanische Wäschebeanspruchung und Waschwirkung in Rührwerkmaschinen
1959, 59 Seiten, 25 Abb., 23 Tabellen, DM 16,50

HEFT 826
Dr.-Ing. Oswald Viertel und Eva Schmahl, Krefeld
Arbeitszeitstudien an Haushaltbottichwaschmaschinen gleicher Art und Größe mit verschiedener Ausstattung
1960, 37 Seiten, 10 Abb., 4 Tabellen, DM 12,20

HEFT 850
Dr.-Ing. Oswald Viertel, Krefeld
Maßveränderung und Faserbeanspruchung von Wäschestoffen bei verschiedenen Trocknungsverfahren
1960, 34 Seiten, 9 Abb., 12 Tabellen, DM 10,70

HEFT 865
Textil-Ing. Josef Ilg, Krefeld
Ermittlung des Gebrauchswertes von Handtüchern verschiedener Qualität
1960, 45 Seiten, 6 Abb., 22 Tabellen, DM 13,20

HEFT 892
Dipl.-Ing. Herbert Schmidt, Krefeld
Untersuchung über die Wäschebewegung in Trommelwaschmaschinen unter besonderer Berücksichtigung der Reinigungswirkung und des Faserabriebs
1960, 28 Seiten, 9 Abb., DM 9,—

HEFT 960
Edith Schirmer und
Dipl.-Ing. Herbert Schmidt, Krefeld
Prüfung von Heimtrocknern (Trommeltrockner auf Wirkungsgrad und Gewebeangriff
1961, 42 Seiten, 15 Abb., DM 13,50

HEFT 1120
Dr.-Ing. Oswald Viertel und
Dipl.-Ing. Eberhard Wagner,
Wäschereiforschung Krefeld
Ursachen der Fleckbildung beim Waschen mit optische Aufheller enthaltenden Waschmitteln und Möglichkeiten zur Beseitigung dieser Schwierigkeiten.
1962, 38 Seiten, 19 Abb., 1 Tabelle, DM 17,80

HEFT 1254
Dipl.-Chem. Harald Hedenetz und Dr.-Ing. Friedrich Dehnert, Forschungsstelle Chemiereinigung e.V., Krefeld
Vergrauungsfaktoren in der Chemischreinigung
In Vorbereitung

HEFT 1275
Dr. Klaus Ziegler, Deutsches Wollforschungsinstitut an der Rhein.-Westf. Technischen Hochschule Aachen
Der Cysteinsäuregehalt der Wolle, seine Bestimmung und seine Veränderung durch Ausrüstungsprozesse
In Vorbereitung

HEFT 1278
Prof. Dr.-Ing. Paul-August Koch und
Dr. rer. nat. Maria Stratmann, Textilingenieurschule Krefeld
Verfahren zur Erkennung und Untersuchung von Chemiefaserstoffen: I. Polyacrylnitril- und Multipolymerisat-Faserstoffe
In Vorbereitung

HEFT 1283
Prof. Dr.-Ing. Walther Wegener und
Dipl.-Ing. Günter Schubert, Institut für Textiltechnik der Rhein.-Westf. Technischen Hochschule Aachen
Einfluß verschiedener relativer Luftfeuchtigkeiten und Temperaturen auf die Laufverhältnisse, auf die Gleichmäßigkeit und auf die dynamometrischen Eigenschaften der gefertigten Garne
In Vorbereitung

HEFT 1284
Dr. rer. nat. Dipl.-Ing. Eberhard F. Wagner, Wäschereiforschung e. V. Krefeld
Verhalten von Komplexfärbungen und -drucken gegenüber phosphathaltigen Waschmitteln sowie Waschechtheit von Pigmentfärbungen und -drucken
In Vorbereitung

HEFT 1285
Dipl.-Ing. H. Schmidt, Wäschereiforschung e. V., Krefeld
Theorie und Praxis des diskontinuierlichen und kontinuierlichen Spülens
In Vorbereitung

HEFT 1286
Dipl-Ing. Oskar Becker, Institut für textile Meßtechnik Mönchengladbach
Untersuchungen an lederbezogenen Druckrollen für die Streckwerke von Spinnereimaschinen
In Vorbereitung

HEFT 1287
Dr. rer. nat. Hans Günther Fröhlich, Forschungsinstitut der Hutindustrie e. V., Mönchengladbach
Das Färben von Hutfilzen unterhalb Kochtemperatur unter Zusatz von Färbebeschleuniger
In Vorbereitung

HEFT 1294
Dr. rer. nat. Carlo Maurer, Deutsches Wollforschungsinstitut an der Rhein.-Westf. Technischen Hochschule Aachen
Beitrag zur Schrumpffrei-Ausrüstung von Wolle
In Vorbereitung

HEFT 1298
Prof. Dr. rer. nat. Wilhelm Weltzien und Ph. D. Dr. rer. nat. Waman Achwal, Textilforschungsanstalt Krefeld
Die Bestimmung des Wassergehaltes mit Hilfe der Karl-Fischer-Methode in Harnstoff-Formaldehyd-Kunstharzen sowie in unbehandelten und in mit diesen Kunstharzen behandelten Geweben
In Vorbereitung

Textilprüfverfahren, Textilprüfgeräte

HEFT 17
Obering. Herbert Stein, Mönchengladbach
Vergleichende Prüfung mit verschiedenen Dickenmeßgeräten (1. Bericht der Reihe: Untersuchungen der Verzugsvorgänge an den Streckwerken verschiedener Spinnereimaschinen)
1952, 36 Seiten, 15 Abb., DM 8.—

HEFT 18
Dipl.-Ing. Heinz Vollenbruck, Krefeld
Grundlagen zur Erfassung der chemischen Schädigung beim Waschen
1953, 68 Seiten, 15 Abb., 15 Tabellen, DM 12,75

HEFT 26
Dipl.-Ing. Waldemar Rohs und Textil-Ing. Gustav Heller, Bielefeld
Vergleichende Untersuchungen zweier neuzeitlicher Ungleichmäßigkeitsprüfer für Bänder und Garne hinsichtlich ihrer Eignung für die Bastfaserspinnerei
1953, 64 Seiten, 30 Abb., DM 12,50

HEFT 85
Prof. Dr. rer. nat. Wilhelm Weltzien und Dr. rer. nat. habil. Johannes Juilfs, Krefeld
Physikalische Untersuchungen an Fasern, Fäden, Garnen und Geweben: Untersuchungen am Knickscheuergerät nach Weltzien
1954, 40 Seiten, 11 Abb., 8 Tabellen, DM 10,—

HEFT 199
Dr. rer. nat. habil. Johannes Juilfs, Krefeld
Die Messung von Gewebetemperaturen mittels Temperaturstrahlung
1955, 50 Seiten, 12 Abb., DM 10,90

HEFT 302
Prof. Dr.-Ing. Walther Wegener und Dipl.-Ing. Willi Zahn, Aachen
Untersuchungen von gesponnenen Garnen auf ihre Gleichmäßigkeit nach verschiedenen Meßmethoden
1956, 58 Seiten, 34 Abb., 1 Tabelle, DM 15,20

HEFT 307
Dr. rer. nat. habil. Johannes Juilfs, Krefeld
Vergleichende Untersuchungen zur elastischen und bleibenden Dehnung von Fasern
1956, 36 Seiten, 11 Abb., DM 8,30

HEFT 308
Dr. rer. nat. habil. Johannes Juilfs, Krefeld
Zur Messung der Fadenglätte
1956, 22 Seiten, 10 Abb., 2 Tabellen, DM 8,—

HEFT 358
Prof. Dr. rer. nat. Wilhelm Weltzien, Dipl.-Chem. Paul Ringel und Text.-Ing. Hans Kirchhoff, Krefeld
Die Waschechtheit von Färbungen. Vergleichende Untersuchungen auf dem Gebiete der Echtheitsprüfung
1958, 26 Seiten, 12 Farbtafeln, DM 58,—

HEFT 381
Dr. rer. nat. habil. Johannes Juilfs, Krefeld
Zur Dichtbestimmung von Fasern. Methoden und Beispiele der praktischen Anwendung
1957, 76 Seiten, 34 Abb., 18 Tabellen, DM 17,—

HEFT 436
Dr. rer. nat. habil. Johannes Juilfs, Krefeld
Zur Bestimmung der Reißlast (Zugfestigkeit) von Fasern, Fäden und Garnen
1959, 26 Seiten, 7 Abb., 5 Tabellen, DM 8,60

HEFT 499
Dr. rer. nat. habil. Johannes Juilfs, Krefeld
Die Bestimmung des Wasserrückhaltevermögens (bzw. des Quellwertes) von Fasern
1958, 42 Seiten, 8 Abb., 8 Tabellen, DM 10,35

HEFT 500
Dr. rer. nat. habil Johannes Juilfs, Krefeld
Vergleichende Untersuchungen am Schopper-Scheuerprüfgerät
1958, 60 Seiten, 34 Abb., verschied. Tabellen, DM 18,10

HEFT 633
Prof. Dr.-Ing. Walther Wegener und
Dipl.-Ing. Egon Haase-Deyerling, Aachen
Entwicklung und Bau eines vollautomatischen Faserlängenprüfgerätes (Stapelprüfgerät) auf kapazitiver Grundlage, Erprobungen dieses Gerätes und Vergleich mit den bislang üblichen Verfahren auf manueller Basis
1958, 36 Seiten, 15 Abb., 5 Tabellen, DM 10,10

HEFT 700
Obering. Herbert Stein, Mönchengladbach
Zugprüfungen an Textilien mit einer weglosen, elektronischen Kraftmeßeinrichtung
1958, 103 Seiten, 62 Abb., 3 Tabellen, DM 32,—

HEFT 730
Obering. Herbert Stein und
Dipl.-Phys. Siegfried Hobe, Mönchengladbach
Gerät zum Auffinden von Fadenverdickungen bei hohen Prüfgeschwindigkeiten
1959, 56 Seiten, 28 Abb., 2 Tabellen, DM 14,80

HEFT 817
Dr. rer. nat. Hansjürgen Kessler, Aachen
Die Zwei- und Dreifaseranalyse auf Grund der Bestimmung von Cystin und Stickstoff
1960, 28 Seiten, DM 8,70

Betriebswirtschaftliche Untersuchungen auf dem Textilgebiet

HEFT 186
Dr. rer. pol. Erich Wedekind, Textil-Ing. Peter Dämkes und Wolfgang v. d. Mark, Krefeld
Untersuchung zur Arbeitsgestaltung bei der Fertigstellung von Oberhemden in gewerblichen Wäschereien *1955, 124 Seiten, 28 Abb., 6 Tabellen, 2 Falttafeln, DM 12,—*

HEFT 197
Dr. rer. pol. Erich Wedekind und
Textil-Ing. Wilhelm Gartz, Krefeld
Untersuchungen zur Bestimmung der optimalen Arbeitsplatzgröße bei Mehrstuhlarbeit in der Weberei
1955, 92 Seiten, 34 Abb., DM 18,50

HEFT 631
Dr. rer. pol. Erich Wedekind und
Textil-Ing. Wilhelm Gartz, Krefeld
Der Einfluß der Automatisierung auf die Struktur der Maschinen und Arbeiterzeiten am mehrstelligen Arbeitsplatz in der Textilindustrie
1958, 86 Seiten, 34 Abb., DM 21,10

HEFT 715
Dr. rer. pol. Erich Wedekind,
Textil-Ing. Fritz Kuntze und
Textil-Ing. Peter Dämkes, Krefeld
Die Auftragsplanung und Arbeitsorganisation in gewerblichen Wäschereien
1959, 116 Seiten, 25 Abb., DM 29,50

HEFT 827
Dr.-Ing. Egon Sattler,
Verband Deutscher Streichgarnspinner, Düsseldorf
Disposition mit Arbeitsvorbereitung in der einstufigen (Verkaufs-) Streichgarnspinnerei
1960, 60 Seiten, DM 15,90

HEFT 828
Textil-Ing. C. Brzeskiewicz,
Verband der Deutschen Tuch- und
Kleiderstoffindustrie e. V., Köln
Disposition mit Arbeitsvorbereitung und Vertriebsvorbereitung in der Tuch- und Kleiderstoffindustrie *1960, 67 Seiten, 8 Anlagen, DM 17,90*

HEFT 874
Dr. rer. pol. Erich Wedekind und
Textil-Ing. Hartmut Kokerbeck, Krefeld
Untersuchungen über rationelle Arbeitsweisen bei Preß- und Bügelvorgängen in Chemisch-Reinigungsbetrieben *1960, 102 Seiten, 17 Abb., zahlr. Tabellen, DM 26,50*

HEFT 1237
Verband Deutscher Streichgarnspinner e. V., Düsseldorf
Betriebsvergleich in den Streichgarnspinnereien, Teil I, bearbeitet vom Forschungsinstitut für Rationalisierung an der Rhein.-Westf. Techn. Hochschule Aachen, Direktor: Prof. Dr.-Ing. J. Mathieu
In Vorbereitung

Volkswirtschaftliche Untersuchungen auf dem Textilgebiet

HEFT 222
Dr. rer. pol. Lutz Köllner und
Dipl.-Volksw. Manfred Kaiser, Münster
Die internationale Wettbewerbsfähigkeit der westdeutschen Wollindustrie
1956, 214 Seiten, 5 Abb., DM 39,50

HEFT 323
Prof. Dr. Rudolf Seyffert, Köln
Wege und Kosten der Distribution der Textilien, Schuh- und Lederwaren
1956, 98 Seiten, 37 Tabellen, 1 Falttafel, DM 12,—

HEFT 607
Dr. rer. pol. Hyronimus Schlachter, Münster
Die Wettbewerbslage der westdeutschen Juteindustrie
1958, 137 Seiten, 35 Tabellen, DM 32,—

HEFT 819
Dipl.-Volksw. Dr. rer. pol. Heinz Hubert Kaup, Münster
Einkommen und Textilverbrauch
1960, 92 Seiten, 34 Tabellen, DM 23,20

HEFT 911
Dr. rer. pol. Hannedore Kahmann und Dipl.-Volksw. Renate Papke, Münster (Westf.)
Langfristige Strukturwandlungen und Anpassungsprozesse der britischen Baumwollindustrie unter dem Einfluß der Industrialisierung in Indien und anderen asiatischen Ländern
1960, 120 Seiten, 38 Tabellen, DM 31,20

HEFT 1036
Dipl.-Kfm. Dr. Eduard Terrahe, Münster
Möglichkeit und Grenzen einer Rationalisierung und Automatisierung in der westdeutschen Baumwollrohweberei. Ein Beitrag zur Beurteilung ihrer Wettbewerbsfähigkeit gegenüber USA, Japan und Indien
1961, 232 Seiten, 51 Tabellen, DM 49,—

HEFT 1069
Dipl.-Volksw. Dr. Wolfgang Rothe
Internationaler Preis- und Kaufkraftvergleich für Bekleidung in Ländern des gemeinsamen Marktes und der Freihandelszone
1962, 226 Seiten, zahlr. Tabellen, DM 43,—

HEFT 1115
Dipl.-Volksw. Dr. Wilhelm Kurth, im Auftrage der Forschungsstelle für allgemeine und textile Marktwirtschaft an der Universität Münster
Vermögensbestand und Kapitalbedarf in einigen Zweigen der Textilindustrie.
1962, 146 Seiten, 9 Abb., 33 Tabellen, DM 52,—

HEFT 1234
Dipl.-Volkswirt Dr. Klaus Hoffarth, Forschungsstelle für allgemeine und textile Marktwirtschaft an der Universität Münster
Lagerhaltung und Konjunkturverlauf in der Textilwirtschaft
1963, 127 Seiten, 35 Abb., 18 Tabellen, DM 52,—

Verzeichnisse der Forschungsberichte aus folgenden Gebieten können beim Verlag angefordert werden: Acetylen/Schweißtechnik – Arbeitswissenschaft – Bau/Steine/Erden – Bergbau – Biologie – Chemie – Eisenverarbeitende Industrie – Elektrotechnik/Optik – Energiewirtschaft – Fahrzeugbau/Gasmotoren – Farbe/Papier/Photographie – Fertigung – Funktechnik/Astronomie – Gaswirtschaft – Holzbearbeitung – Hüttenwesen/Werkstoffkunde – Kunststoffe – Luftfahrt/Flugwissenschaften – Luftreinhaltung – Maschinenbau – Mathematik – Medizin/Pharmakologie/NE-Metalle – Physik – Rationalisierung – Schall/Ultraschall – Schiffahrt – Textiltechnik/Faserforschung/Wäschereiforschung – Turbinen – Verkehr – Wirtschaftswissenschaft.

Die Arbeitsgemeinschaft für Forschung des Landes Nordrhein-Westfalen vereinigt unabhängige Wissenschaftler in einer Gemeinschaftsarbeit. Führende Fachleute aller Fakultäten haben sich zusammengefunden, um in persönlichem Kontakt und über die Grenzen des Fachgebietes hinaus Wege zu größeren Übersichten auf wissenschaftlichem Gebiet zu bahnen. Die Arbeitsgemeinschaft vereinigt die Vertreter der Grundlagenforschung und der Zweckforschung.
Die Ergebnisse der Forschungsarbeit werden auf den monatlichen Sitzungen von Fachwissenschaftlern vorgetragen und dann mit den Mitgliedern der Arbeitsgemeinschaft diskutiert. Um die wertvollen Ergebnisse dieser Sitzungen über den Mitgliederkreis hinaus allen interessierten Stellen zugänglich zu machen, werden diese in einer besonderen Schriftenreihe veröffentlicht. Die Veröffentlichungen der AGF gliedern sich in eine naturwissenschaftliche und geisteswissenschaftliche Reihe. Unabhängig davon erscheinen die Forschungsberichte.

VERÖFFENTLICHUNGEN DER ARBEITSGEMEINSCHAFT FÜR FORSCHUNG

DES LANDES NORDRHEIN-WESTFALEN

Herausgegeben im Auftrage des Ministerpräsidenten Dr. Franz Meyers
von Staatssekretär Prof. Dr. h. c. Dr.-Ing. E. h. Leo Brandt

Geisteswissenschaftliche Reihe

HEFT 1
Prof. Dr. Werner Richter, Bonn
Von der Bedeutung der Geisteswissenschaften für die Bildung unserer Zeit
Prof. Dr. Joachim Ritter, Münster
Die Lehre vom Ursprung und Sinn der Theorie bei Aristoteles
1953, 64 Seiten, kartoniert DM 2,90

HEFT 6
Prälat Prof. Dr. Dr. h. c. Georg Schreiber, Münster
Deutsche Wissenschaftspolitik von Bismarck bis zum Atomwissenschaftler Otto Hahn
1954, 102 Seiten, 7 Abb., kartoniert DM 5,—

HEFT 15
Prof. Dr. Franz Steinbach, Bonn
Der geschichtliche Weg der wirtschaftenden Menschen in die soziale Freiheit und politische Verantwortung
1954, 76 Seiten, kartoniert DM 2,90

HEFT 20
Prof. Dr.Ludwig Raiser, Bad Godesberg
Rechtsfragen der Mitbestimmung
1954, 48 Seiten, kartoniert DM 2,—

HEFT 25
Prof. Dr. Hans Peters, Köln
Die Gewaltentrennung in moderner Sicht
1954, 48 Seiten, kartoniert DM 2,20

HEFT 49
Prof. D. Dr. Friedrich Karl Schumann, Münster
Mythos und Technik
1958, 60 Seiten, kartoniert DM 4,—

HEFT 52
Prof. Dr. Hans J. Wolff, Münster
Die Rechtsgestalt der Universität
1956, 48 Seiten, kartoniert DM 2,65

HEFT 66
Prof. Dr. Werner Conze, Münster
Die Strukturgeschichte des technisch-industriellen Zeitalters als Aufgabe für Forschung und Unterricht
1957, 52 Seiten, kartoniert DM 2,70

HEFT 72
Prof. Dr. Josef Pieper, Essen
Über den Begriff der Tradition
1958, 66 Seiten, kartoniert DM 3,70

HEFT 79
Prof. Dr. Paul Gieseke, Bad Godesberg
Eigentum und Grundwasser
1959, 32 Seiten, kartoniert DM 2,60

HEFT 80
Prof. Dr. Dr. Werner Richter, Bonn
Wissenschaft und Geist in der Weimarer Republik
1958, 32 Seiten, kartoniert DM 2,60

HEFT 85
André George, Paris
Der Humanismus und die Krise der Welt von heute
1959, 40 Seiten, kartoniert DM 2,70

Naturwissenschaft · Technik · Wirtschaft

HEFT 2
Prof. Dr.-Ing. Wolfgang Riezler, Bonn
Probleme der Kernphysik
Prof. Dr. Fritz Micheel, Münster
Isotope als Forschungsmittel in der Chemie und Biochemie
1951, 40 Seiten, 10 Abb., kartoniert DM 2,40

HEFT 8
Prof. Dr.-Ing. Wilhelm Fucks, Aachen
Die Naturwissenschaft, die Technik und der Mensch
Prof. Dr. Walther Hoffmann, Münster
Wirtschaftliche und soziologische Probleme des technischen Fortschrittes
1952, 84 Seiten, 12 Abb., kartoniert DM 4,80

HEFT 12
Dr. Hermann Rathert, Wuppertal-Elberfeld
Entwicklung auf dem Gebiet der Chemiefaser-Herstellung
Prof. Dr. Wilhelm Weltzien, Krefeld
Rohstoff und Veredelung in der Textilwirtschaft
1952, 84 Seiten, 29 Abb., kartoniert DM 4,80

HEFT 16
Prof. Dr. Dr. h. c. Rudolf Seyffert, Köln
Die Problematik der Distribution
Prof. Dr. Theodor Beste, Köln
Der Leistungslohn
1952, 70 Seiten, 1 Abb., kartoniert DM 3,50

HEFT 20
M. Zvegintzov, London
Wissenschaftliche Forschung und die Auswertung ihrer Ergebnisse
Ziel und Tätigkeit der National Research Development Corporation
Dr. Alexander King, London
Wissenschaft und internationale Beziehungen
1954, 88 Seiten, kartoniert DM 4,20

HEFT 21a
Prof. Dr. Dr. h. c. Otto Hahn, Göttingen
Die Bedeutung der Grundlagenforschung für die Wirtschaft
Prof. Dr. Siegfried Strugger, Münster
Die Erforschung des Wasser- und Nährsalztransportes im Pflanzenkörper mit Hilfe der fluoreszenzmikroskopischen Kinematographie
1953, 74 Seiten, 26 Abb., kartoniert DM 5,—

HEFT 22
Prof. Dr. Johannes von Allesch, Göttingen
Die Bedeutung der Psychologie im öffentlichen Leben
Prof. Dr. Otto Graf, Dortmund
Triebfedern menschlicher Leistung
1953, 80 Seiten, 19 Abb., kartoniert DM 4,—

HEFT 38
Dr. Colin E. Cherry, London
Kybernetik. Die Beziehung zwischen Mensch und Maschine
Prof. Dr. Erich Pietsch, Clausthal-Zellerfeld
Dokumentation und mechanisches Gedächtnis — zur Frage der Ökonomie der geistigen Arbeit
1954, 108 Seiten, 31 Abb., kartoniert DM 5,25

HEFT 46
Prof. Dr. Wilhelm Weltzien, Krefeld
Ausblick auf die Entwicklung synthetischer Fasern
Prof. Dr. Walther G. Hoffmann, Münster
Wachstumsprobleme der Wirtschaft
1959, 82 Seiten, 6 Abb., kartoniert DM 5,40

HEFT 47
Staatssekretär Prof. Dr. h. c. Dr.-Ing. E. h. Leo Brandt, Düsseldorf
Die praktische Förderung der Forschung in Nordrhein-Westfalen
Prof. Dr. Ludwig Raiser, Bad Godesberg
Die Förderung der angewandten Forschung durch die Deutsche Forschungsgemeinschaft
1957, 108 Seiten, 82 Abb., kartoniert DM 9,55

HEFT 75
Prof. Dr. Wilhelm Klemm, Münster
Neue Wertigkeitsstufen bei Übergangselementen
Prof. Dr.-Ing. Helmut Zahn, Aachen
Die Wollforschung in Chemie und Physik von heute
1960, 87 Seiten, 21 Abb., 23 Tabellen, kartoniert DM 8,40

HEFT 86
Prof. Dr.-Ing. Paul Denzel, Aachen
Technische Probleme der Energieumwandlung und -fortleitung
1960, 28 Seiten, 5 Abb., kartoniert DM 2,40

WESTDEUTSCHER VERLAG · KÖLN UND OPLADEN
567 Opladen/Rhld., Ophovener Straße 1-3

GPSR Compliance
The European Union's (EU) General Product Safety Regulation (GPSR) is a set of rules that requires consumer products to be safe and our obligations to ensure this.

If you have any concerns about our products, you can contact us on

ProductSafety@springernature.com

In case Publisher is established outside the EU, the EU authorized representative is:

Springer Nature Customer Service Center GmbH
Europaplatz 3
69115 Heidelberg, Germany

www.ingramcontent.com/pod-product-compliance
Ingram Content Group UK Ltd.
Pitfield, Milton Keynes, MK11 3LW, UK
UKHW061657190726
13853UKWH00008B/2263
* 9 7 8 3 6 6 3 0 6 2 6 1 5 *